尚锦烘焙系列

尚锦文化

5分钟 马克杯蛋糕

[美国] 珍妮弗·李 ◎ 著

李祥睿 陈洪华 韩雨辰 ◎ 译

中国纺织出版社

目录

怀旧马克杯蛋糕

适合成年人的马克杯蛋糕

曲奇马克杯蛋糕

布朗尼马克杯蛋糕

衍生的马克杯蛋糕

假日马克杯蛋糕

无麸质马克杯蛋糕

开胃的马克杯蛋糕

在短短的几分钟内就能做出好吃的蛋糕？没错，您完全可以做到！马克杯蛋糕听起来就像是：简单的原料准备在杯子里，然后在微波炉中烤制成功。这本书中的大部分配方都可在5分钟之内搞定，因为它们就是速成甜点——只需要很简单的几个步骤和为数不多的食材。

记得几年前，第一次做马克杯蛋糕，我犹豫了很长时间，因为做一个马克杯蛋糕要费很长时间，而且效果不尽如人意：像橡胶一样硬、口感干，而且满是鸡蛋味。然后有一天，无意中发现了一个很靠谱的、口感湿润的巧克力马克杯蛋糕配方。我很好奇，就试做了一下，做出的效果还不错，但是，我认为它应该更好。所以，我开始尝试调整配方，经过不断的尝试摸索，终于研制出了一个非常喜欢的马克杯蛋糕的配方：天使巧克力杯子蛋糕。我将它贴在美食博客“卡比的渴望”中。从那时开始，马克杯蛋糕的研制起步了。

我的心被搅动了，马克杯蛋糕的各种好主意纷涌而来。读者们同样热情，提供各种美味的建议。人们开始称呼我为“马克杯蛋糕女孩”，已经有超过100个马克杯蛋糕配方贴在美食博客里。很多马克杯蛋糕配方甚至在国家级刊物上共享。一些人建议把这些马克杯蛋糕的配方集结成一本书。当遇到一个志趣相投的出版商之后，我终于开始重视这个想法。

本书的马克杯蛋糕采用了返璞归真的、最基本的方法，剔除一切不必要的成分（比如鸡蛋）。这意味着做出的蛋糕口感温润，不似橡胶那么硬，也无蛋腥味，或者高热量——所有马克杯蛋糕常见通病的困扰。相反，蛋糕的味道显得那么纯。

本书包含了近100种适合各种场合和口味的美味马克杯蛋糕配方，而且大部分配方都是创新的，从来没有公开出版过的。有很多经典的配方，如曲奇蛋糕、布朗尼蛋糕和水果蛋糕。对于那些童心未泯或家里有孩子的，您会找到怀旧的配方，像女主人蛋糕、果塔蛋糕、花生酱果酱蛋糕和热可可蛋糕，以及可爱的假日主题与节庆的配方，像南瓜风味、姜饼风味、蛋黄酒风味，还有万圣节糖果的风味。甚至，我将甜的早餐风味，也转换为马克杯蛋糕形式——尝试着开发传统的枫糖浆煎饼风味和法式吐司蛋糕的风味，以及蓝莓玛芬蛋糕顶部的糖粉奶油碎屑或蜂蜜漩涡的风味。这里有酒味微醺的蛋糕、咖啡味蛋糕和茶味蛋糕。是的，甚至有当您不想吃甜食的时候，准备的美味无糖蛋糕。

对于一些饮食受身体限制的人，我还开发出了无麸质蛋糕和瘦身的蛋糕配方（热量低于200卡），因为任何人都不应被剥夺享受甜食的快乐。最后，为了体验最佳的美国英斯达蛋糕，您会发现配方中只需要4个或更少的成分——不用特地去超市购买原料！每个马克杯蛋糕配方已经过试验、重新测试，并反复检测，以确保能呈现出最好的味道。

也许您太忙碌以致于精疲力尽，而无暇顾及制作整个蛋糕；也许在深夜，您有了工作或生活上的灵感，突然非常想来一片蛋糕；您也可能会为考试而突击劳神，很需要一个小蛋糕来补充能量；也许您的烤箱出现过故障而罢工。无论何种情况，这些马克杯蛋糕配方会提供快速和满意的解决方案：以最少的准备工作，几乎在任何情况下，无论您是厨房烘焙新手还是烘烤魔术师，也无论是为自己做点小吃或是招待客人。我希望您有心情和时间去尝试这些简单的配方，也希望您在做马克杯蛋糕一再失败、心情绝望的时候，能拿起这本书！

基础食材和工具介绍

基础食材

如果一种材料手边没有，找一种类似的代替品的话，味道会大打折扣。需要中筋面粉时，不要试图用普通小麦面粉代替。同样，不要“估计”配方中的分量，要准确称量。

面粉

面粉指小麦粉，以蛋白质的含量多少来区分，包括中筋面粉、低筋面粉和高筋面粉，不可互相取代。

当量取面粉时，小心不要“压紧”面粉。首先用勺舀面粉放入量杯中，然后用刀刮平。如果直接从面粉袋中用量杯取面粉时，就会量取过多的面粉，导致蛋糕又干又硬。

中筋面粉：本书中绝大多数配方选用的都是中筋面粉（又称为通用面粉、普通面粉），这是一种蛋白质含量中等的面粉。

低筋面粉：本书中的一些配方也有指定使用低筋面粉的。低筋面粉具有较低的蛋白质含量，在蛋糕中会形成柔软的口感和更精致的质地。

泡打粉和小苏打

大多数配方需要使用泡打粉或小苏打。泡打粉和小苏打是膨松剂，加热时会产生二氧化碳，使烘焙产品的体积膨胀。确保泡打粉和小苏打是新鲜的，否则就失去了效果。

请注意：泡打粉和小苏打是膨松剂，但也不可互换！小苏打是碳酸氢钠，它需要一种酸性食材与它相互作用，来释放二氧化碳。泡打粉是部分碳酸氢钠和酸性元素、淀粉的混合物。

糖

除了作为甜味剂，糖也改变了蛋糕的水分、质地和结构。因此，不要用另一种甜味剂替代配方中指定的糖。与面粉的量取不同，当您量取红糖的时候，量勺一定要压实。

砂糖：砂糖有很多种类，但是，本书配方中的砂糖指白砂糖。

红糖: 红糖是一种带有糖蜜结晶的砂糖。

糖粉: 即砂糖糖粉, 是将砂糖打磨成光滑的粉状。它通常和玉米淀粉混合以防止结块, 也常常用来制作糖霜, 因为它更容易溶解。

牛奶

大多数配方需要脱脂牛奶, 使蛋糕成分更健康。如果您喜欢, 也可以用低脂或全脂牛奶替代。但是, 如果配方指定全脂牛奶, 不要用低脂或脱脂牛奶。

植物油

本书中大部分传统的蛋糕都使用植物油。这是指在超市中常见的花生油、葵花籽油、玉米油等, 有着中性的味道。菜籽油也可以作为一个替代品。避免使用橄榄油和核桃油等有独特风味的油, 会改变蛋糕的味道。也要避免使用融化的黄油代替植物油。

黄油

对于需要用黄油的配方, 总是使用无盐黄油。无盐黄油一般用于烘焙, 因为这样更好把握甜点内的盐分含量。

鸡蛋

在这些配方中, 大部分情况下都不需要鸡蛋, 我在这里解释一下原因: 很多马克杯蛋糕呈现出橡胶质地或有鸡蛋的回味, 导致口感不好。

经过大量的反复试验, 我设法创新出了不用鸡蛋作为原料的马克杯蛋糕。蛋糕还是湿润的、轻的、蓬松的, 而且没有蛋黄所含的脂肪, 它们更健康。

巧克力

本书中, 巧克力马克杯蛋糕需要用半甜巧克力屑、切碎的巧克力或不加糖的可可粉来制作。在做出任何选择前, 请仔细阅读以下信息。

半甜巧克力屑: 大多数配方使用半甜巧克力屑。

切碎的巧克力: 一些配方使用切碎的巧克力。贝克品牌烘焙巧克力是最好用的巧克力, 因为它单独包好28克(1盎司)的碎块。

不加糖的可可粉: 有两种类型的不加糖的可可粉, 即荷兰产的碱化可可粉和自然加工的可可粉。确保不要混淆了。

天然可可粉往往是苦涩的，如果配方中指定使用天然可可粉，不能用其他碱化可可粉来替换，因为配方是根据天然可可的酸度来配比的。

厨房工具设备

这些马克杯蛋糕所需要的工具是非常基本的，在购买前，请关注这段内容，它提供了最有用的制作马克杯蛋糕的经验。

超大杯

需要一个能够容纳至少350毫升液体的微波炉用马克杯。我通常用的马克杯，容量为350~450毫升。一个大的马克杯可以确保面糊在杯子里加热上升时不至于溢出。

理想的马克杯是杯形高大、杯壁呈弧状弯曲、壁厚的。

·为什么要杯形高大？高度可确保蛋糕不会溢出。

·为什么要杯壁呈弧形弯曲？弧形杯壁能让食材彻底混合而不会有结块留在杯子底部。

·为什么杯壁要厚？厚壁承受的热量比薄壁的要好。薄的材料制成的杯子有时传热太快，会使蛋糕加热过度或受热不均匀。

量匙

您需要一套计量准确的量匙套装，对于马克杯蛋糕这样的小份甜点而言，精度非常重要。最好用一套来制作，这样即使有误差，也能保证比例不变。

小号搅拌器

小的搅拌器很容易在狭小的杯子中混合食材成分，理想的尺寸是长18厘米（包括柄）左右，打蛋器头部宽度应略小于2.5厘米，长度大约6厘米。

微波炉

本书给出的烹饪时间是基于我的厨房中功率为1000瓦的微波炉全功率运行。大部分蛋糕大约要花1分钟来做。如果要调整烤制时间，要以15秒为单位来增减。

巧克力
马克杯蛋糕

我想所有的甜点配方书都应该有一个专门的巧克力部分。吃巧克力时产生的愉悦感，没有其他食物可以代替。本书中有一些令人垂涎的、以巧克力为基础的马克杯蛋糕配方，包括巧克力熔岩、曲奇、奶油和咸味焦糖巧克力。

哦，巧克力，我多么爱你……

原味巧克力蛋糕

这是我的基本巧克力蛋糕配方。不要让它的简单蒙骗您，其实它有一股浓烈的巧克力味道，完全满足人们对巧克力的渴望。制作关键是用融化的巧克力，而不是可可粉。融化巧克力可能看起来像一个繁琐的步骤，其实不然，因为只需要不到1分钟的时间。

1/4杯半甜巧克力屑（45克）
3汤匙（45毫升）脱脂牛奶
2汤匙（15克）中筋面粉
1/4茶匙泡打粉
1/2汤匙（7.5毫升）植物油

1 把巧克力屑和牛奶放在一个超大的微波炉可用的马克杯中，微波炉加热约40秒。用一只小号搅拌器搅拌混合直到巧克力完全融化。
2 加入面粉、泡打粉和植物油搅拌至面糊光滑。
3 入微波炉加热约1分钟。如果蛋糕没完全熟，则额外加热15秒，取出蛋糕，冷却几分钟。蛋糕最好趁热食用或在完成后的几小时内食用。

巧克力熔岩蛋糕

巧克力熔岩蛋糕是一个精致的创新：包含融化蜜糖心一样的温暖巧克力。不是爱是什么？难怪这道甜点如此受欢迎，几乎出现在每一个餐厅的菜单里。有了这个配方，无需等待大餐就会沉溺在这甜点中不可自拔。

注：这个蛋糕最好趁热吃，但要小心不要烫伤自己，因为融化的巧克力中心很热。

1/4杯半甜巧克力屑（45克）

3汤匙（45毫升）脱脂牛奶

2汤匙（15克）中筋面粉

1/4茶匙泡打粉

1/2汤匙植物油（7.5毫升）

3块矩形巧克力（11克），从一个普通的1.5盎司（42克）巧克力条上掰下，像好时的牛奶或黑巧克力（每个大约2.5厘米宽）

1茶匙糖粉，可选

1 把巧克力屑和牛奶放在一个超大的马克杯中，微波炉加热约40秒。用小号搅拌器搅拌混合直到巧克力完全融化。

2 加入面粉、泡打粉和植物油搅打至面糊光滑。

3 将巧克力碎块放入面糊的中间，直到被面糊覆盖住。

4 在微波炉中加热约1分钟。如果蛋糕没完全熟，额外加热15秒。取出蛋糕，冷却几分钟，然后筛一点糖粉在蛋糕上，最好趁热食用。

巧克力松露蛋糕

比普通巧克力蛋糕味道更好的是什么？答案是巧克力松露蛋糕。它让人享受到豪华、奶油状以及入口即化的甜松露巧克力碎片，会让您完全沉浸在这种美妙的感觉当中。

4只瑞士莲牌黑松露球，切成两半（或其他切碎的松露巧克力50克）

3汤匙（45毫升）脱脂牛奶

2汤匙（15克）中筋面粉

1/4茶匙泡打粉

1/2汤匙（7.5毫升）植物油

1 把巧克力和牛奶放在一个超大的马克杯中，微波炉加热约40秒。用小号搅拌器搅拌混合，直到巧克力完全融化。

2 加入面粉、泡打粉和植物油打至面糊光滑。

3 在微波炉中加热约1分钟。如果蛋糕没完全熟，额外加热15秒，取出蛋糕，冷却几分钟。蛋糕最好趁热食用或在完成后的几小时内食用。

香草巧克力大理石蛋糕

大理石蛋糕是如此可爱，它拥有迷人的漩涡。这个蛋糕需要花费多一点的时间，因为需要准备两种不同的面糊，旋转挤入马克杯中。但最终的结果是——美丽的像一幅画，在享用之前可以先欣赏一番。

4汤匙（30克）中筋面粉
1/4茶匙泡打粉
1/2汤匙（7.5毫升）加1/2汤匙（7.5毫升）植物油
3汤匙（45毫升）脱脂牛奶
1大勺（12.5克）砂糖
1/8茶匙香草精
1/2汤匙（4克）不加糖的可可粉

1. 把面粉、泡打粉、1/2汤匙植物油、牛奶和糖放在一个超大的马克杯中，用小号搅拌器搅拌混合，直到面糊光滑。
2. 取2勺面糊放到一个单独的小碗中，加入香草精，搅拌均匀。
3. 再加入可可粉和剩下的1/2汤匙植物油，搅拌至光滑。
4. 将做法3的香草面糊放入做法1的巧克力面糊的上部，然后制造大理石花纹的效果：用一把小刀在面糊上简单地重复画多个8字形。
5. 在微波炉加热约1分钟。如果蛋糕没完全熟，额外加热15秒。取出蛋糕，冷却几分钟。蛋糕最好趁热食用或在完成后的几小时内食用。

曲奇&奶油蛋糕

我不知道这是什么样子的曲奇蛋糕，表面上有好多奶油，让我眼花缭乱仿佛回到了童年。这个蛋糕以白巧克力作底，夹杂着压碎的奥利奥曲奇饼干。最终的结果是整个蛋糕星罗棋布着巧克力饼干碎屑和奶油。

1/4杯（45克）白巧克力碎屑

3汤匙（45毫升）全脂牛奶

4汤匙（30克）中筋面粉

1/4茶匙泡打粉

1/2汤匙（7.5毫升）植物油

2片奥利奥饼干

奶油乳酪糖霜（可选，2份的量）

2汤匙（28克）奶油奶酪

2汤匙（28克）黄油

5汤匙（40克）糖粉，调味

1片压碎的奥利奥饼干

1片小块的奥利奥饼干，装饰

1 将白巧克力和牛奶放在一个超大的马克杯中，微波炉加热约40秒。用小号搅拌器搅拌混合，直到巧克力完全融化。

2 加入面粉、泡打粉和植物油，搅打至面糊光滑。

3 使用一把餐叉，压碎奥利奥饼干，然后混合到面糊中，保持小碎块存在。

4 微波炉加热约1分钟。如果蛋糕未完全熟，额外加热15秒。取出蛋糕，冷却几分钟。

5 如果需要的话，将奶油糖霜类食材放入一台搅拌机内（或使用手持电动搅拌器）高速混合搅打，直到蓬松有光泽。蛋糕表面上用奶油糖霜和小块奥利奥饼干点缀。蛋糕最好趁热食用或完成后的几小时内食用。

盐味—焦糖巧克力蛋糕

这个蛋糕，以巧克力马克杯蛋糕的基本配方为基础，加上盐味焦糖调味。融化的焦糖混合着巧克力蛋糕的香味，每吃一口就像天赐的幸福。

1/4杯（45克）半甜的巧克力屑

3汤匙（45毫升）脱脂牛奶

2汤匙（15克）中筋面粉

1/4茶匙泡打粉

1/2汤匙（7.5毫升）植物油

2颗盐渍焦糖

顶部装饰（可选，2份的量）

1/2杯（120毫升）稠厚淡奶油

2茶匙砂糖

适量焦糖糖浆

1颗切碎的焦糖

1 把巧克力屑和牛奶放在一个超大的马克杯中，微波炉加热约40秒。用小号搅拌器搅拌混合，直到巧克力完全融化。

2 加入面粉、泡打粉和植物油搅打至面糊光滑。

3 焦糖推入面糊的中心，直到被面糊完全覆盖。

4 微波炉加热约1分钟。如果蛋糕未完全熟，额外加热15秒。取出蛋糕，冷却几分钟。

5 如果需要的话，将淡奶油和糖放入搅拌机中（或使用手持电动搅拌器），高速混合搅拌至成蓬松的打发奶油。蛋糕顶部裱上打发的奶油，用焦糖糖浆淋饰和切碎的焦糖装饰。蛋糕最好趁热食用。

白巧克力蛋糕

有白巧克力爱好者吗？那么，这是给您的蛋糕，用融化的白巧克力制成。它看起来非常纯真，使人仿佛步入冬天的仙境。

1/4杯（45克）白巧克力屑

3汤匙（45毫升）全脂牛奶

3汤匙（22.5克）中筋面粉

1/4茶匙泡打粉

1/2汤匙（7.5毫升）植物油

奶油乳酪糖霜（可选，2份的量）

2汤匙（28克）奶油奶酪

2汤匙（28克）黄油

5汤匙（40克）糖粉，调味

1 把白巧克力屑和牛奶放在一个超大的马克杯中，微波炉加热约40秒。用小号搅拌器搅拌混合，直到巧克力完全融化。

2 加入面粉、泡打粉和植物油搅打至面糊光滑。

3 在微波炉加热约1分钟。如果蛋糕没完全熟，则额外加热15秒。取出蛋糕，冷却几分钟。

4 如果需要的话，将糖霜类食材放入一台搅拌机（或使用手持电动搅拌器）里，高速混合直到蓬松有光泽。蛋糕上用糖霜点缀装饰。蛋糕最好趁热食用或几小时内食用。

三重巧克力蛋糕

这个蛋糕适合超级巧克力爱好者，因为它用了3种类型的巧克力。有融化的黑巧克力、可可粉、巧克力屑。您可能需要一杯牛奶来搭配它！

42克黑巧克力，切碎（1/4杯）
3汤匙（45毫升）脱脂牛奶
2汤匙（15克）中筋面粉
1/2汤匙（4克）不加糖的可可粉（荷兰产）
1/4茶匙泡打粉
1汤匙（15毫升）植物油
2汤匙（22.5克）半甜的巧克力屑

1 把切碎的黑巧克力屑和牛奶放在一个超大的马克杯中，微波炉加热约40秒。用小号搅拌器搅拌混合，直到巧克力完全融化。

2 加入面粉、可可粉、泡打粉和植物油搅拌，直到面糊光滑，再拌入半甜巧克力屑。

3 微波炉加热约1分钟。如果蛋糕未完全成熟，则额外加热15秒。取出蛋糕，冷却几分钟。蛋糕最好趁热食用或在完成后的几小时内食用。

果味
马克杯蛋糕

无论您是喜欢水果口味的甜点，还是正在想方设法处理一些一时吃不完又不耐保存的水果，这一章节将为您解决这个问题。水果加入烘烤食品中，效果非常好，因为它提供了天然的甜味，而且它多样的色彩看起来令人愉悦。

当我开始创新马克杯蛋糕时，加入水果是巨大的挑战。因为蛋糕的基础配方是很微妙的风味，其中鸡蛋的使用是十分值得注意的，它把面糊调成暗黄，赋予蛋糕鸡蛋风味和筋道口感。我着手尝试制作不加蛋的果味马克杯蛋糕，尽可能让它变得轻和松软。希望您和我一样，对这样的口感很满意。

蓝莓蛋糕

蓝莓运用在甜点中会很棒，它们看起来小而纯洁，但加热时它们多汁的浆果会突然爆开，它们在哪里，哪里就会变成紫色和溅上蓝色的浆水。这是一个简单的白色蛋糕，用几个甜美的浆果做装饰。

4汤匙（30克）中筋面粉

1/4茶匙泡打粉

2.5茶匙砂糖

3汤匙（45毫升）脱脂牛奶

1/2汤匙（7.5毫升）植物油

1/4茶匙香草精

10颗蓝莓

蛋糕顶部装饰

1/2杯（120毫升）稠厚淡奶油

2茶匙砂糖

5颗蓝莓

糖粉，供装饰

1 将除了蓝莓之外的所有食材，放入一个超大的马克杯中，用小号搅拌器搅拌混合，直至面糊光滑，再加入蓝莓粒。

2 在微波炉中加热约1分钟。如果蛋糕没完全熟，则额外加热15秒。取出蛋糕，冷却几分钟。

3 如果需要的话，将淡奶油和糖放入搅拌机（或使用手持电动搅拌器）里，搅拌混合，高速搅打至起泡。蛋糕的表面抹上奶油，用蓝莓装饰点缀，再撒上糖粉。蛋糕最好趁热食用或在完成后的几小时内食用。

水果可以替换!

可以用其他切碎的新鲜水果如草莓、芒果或桃子，来代替蓝莓。

草莓和奶油蛋糕

我最喜欢的享受夏季的方法，是用草莓蘸着轻轻打发的鲜奶油享用。多汁的浆果不仅味道鲜美多汁，而且也让甜点的外观变得美丽。这个配方以一个甜蜜的奶油蛋糕为基础，中间点缀着鲜艳的草莓。

4汤匙（30克）中筋面粉

1/4茶匙泡打粉

1.5汤匙（19克）砂糖

2汤匙（30毫升）脱脂牛奶

2汤匙（30克）稠厚淡奶油

1颗大草莓，切成小块

蛋糕顶部装饰
（可选，2份的量）

1/2杯稠厚淡奶油（120毫升）

2茶匙砂糖

1颗草莓切片，以及撒饰的糖粉

1 将前5种食材放入一个超大的马克杯中，用小号搅拌器搅拌混合，直至面糊光滑，再加入草莓粒。

2 在微波炉中加热约1分钟。如果蛋糕没完全熟，则额外加热15秒。取出蛋糕，冷却几分钟。

3 如果需要的话，将淡奶油和糖放入搅拌机（或使用手持电动搅拌器）里，高速混合搅打至起泡。蛋糕上面抹上奶油，点缀上草莓切片，并撒上一层糖粉。蛋糕最好趁热食用或在完成后的几小时内食用。

椰子情人蛋糕

椰子真的是百搭食材，可以制作成各种食品。如果您喜欢椰子风味，那这款蛋糕非常合适，因为原料中包含了椰奶、椰蓉和椰子汁3种食材。

4汤匙（30克）中筋面粉

1/4茶匙泡打粉

2茶匙砂糖

2汤匙（30毫升）椰奶

1汤匙（15毫升）椰子汁

1/2汤匙（7.5毫升）植物油

1.5汤匙（7.5克）甜椰蓉

蛋糕顶部装饰
（可选，2份的量）

1/2杯（120毫升）稠厚淡奶油

2茶匙砂糖

1汤匙（5克）甜椰蓉

1 将前6种食材放入一个超大的马克杯中，用小号搅拌器搅拌混合，直至面糊光滑，再加入椰蓉。

2 在微波炉中加热约1分钟。如果蛋糕没完全熟，则额外加热15秒。取出蛋糕，冷却几分钟。

3 如果需要的话，将淡奶油和糖放入搅拌机（或使用手持电动搅拌器）里，高速混合搅打至起泡。蛋糕上抹上奶油，撒上椰蓉。蛋糕最好趁热食用或在完成后的几小时内食用。

苹果酱蛋糕

这湿润的水果蛋糕肯定会让您获得喜欢的球队赢得比赛的心情，多亏了新鲜的苹果和美味的苹果酱的使用。

4汤匙（30克）面粉

1/4茶匙泡打粉

2茶匙砂糖

2.5汤匙（37.5毫升）脱脂牛奶

1/2汤匙（7.5毫升）植物油

2汤匙（34克）苹果酱

1汤匙（8克）苹果切碎丁（1厘米见方的丁）

1 将前5种食材和一半苹果酱放入一个超大的马克杯中，用小号搅拌器搅拌混合，直至面糊光滑。

2 加入苹果丁搅匀；将剩余的苹果酱加入面糊，用餐叉搅拌至呈漩涡状。

3 在微波炉中加热约1分钟。如果蛋糕没完全熟，则额外加热15秒。取出蛋糕，冷却几分钟。蛋糕最好趁热食用或在完成后的几小时内食用。

热带海岛的蛋糕

谁不想在一个热带海岛休闲度假呢？我们不能永远在度假，但可以用这个蛋糕品味热带天堂的风情，因为它富含热带水果包括芒果、椰子和菠萝的风味。

4汤匙（30克）中筋面粉
1/4茶匙泡打粉
2茶匙砂糖
3汤匙（45毫升）椰奶
1/2汤匙（7.5毫升）植物油
1/4茶匙香草精
1汤匙（5克）甜椰蓉
1汤匙（7克）切碎的熟芒果
1汤匙（13克）切碎的菠萝罐头（1厘米见方的丁）

1 将中筋面粉、泡打粉、糖、椰奶、油和香草精，放入一个超大的马克杯中，用小号搅拌器搅拌混合，直至面糊光滑。加入椰蓉、芒果碎和菠萝丁拌匀。

2 在微波炉中加热约1分钟。如果蛋糕没完全熟，则额外加热15秒。取出蛋糕，冷却几分钟。蛋糕最好趁热食用或在完成后的几小时内食用。

果味可以替换

您可以添加切碎的水果，或用其他热带水果如荔枝、番石榴、木瓜等来替换。

柠檬梦幻蛋糕

这个柠檬蛋糕是梦幻的，它湿润、富含柠檬味，有着甜味和酸味的完美平衡。柠檬蛋糕是长时间以来迈不过去的一道坎，这是读者最希望得到的一个配方，经过多次试验，终于创造了一个特别喜欢的柠檬蛋糕配方，希望您也和我一样喜欢。

4汤匙（30克）中筋面粉

1/4茶匙泡打粉

2茶匙砂糖

3汤匙（45毫升）脱脂牛奶

1/2汤匙（7.5毫升）植物油

1茶匙香草精

1茶匙新鲜柠檬汁

1汤匙（20克）柠檬酱

蛋糕顶部装饰（2份的量）

1/2杯（120毫升）稠厚淡奶油

2茶匙砂糖

1/2茶匙磨碎的柠檬皮屑

1 将前6种食材放入一个超大的马克杯中，用小号搅拌器搅拌混合，直至面糊光滑。

2 加入柠檬汁和柠檬酱，拌至面糊光滑。

3 在微波炉中加热约1分钟。如果蛋糕没完全熟，则额外加热15秒。取出蛋糕，冷却几分钟。

4 如果需要的话，将淡奶油和糖放入搅拌机（或使用手持电动搅拌器）里，用高速搅至起泡。在蛋糕上抹上奶油，撒上柠檬皮屑。蛋糕最好趁热食用或在完成后的几小时内食用。

南瓜面包布丁蛋糕

传统的面包布丁制作很麻烦，特别是制作蛋奶羹这个步骤。但本书将配方精简化，将黄油蛋糕面包浸在特殊的南瓜酱中混合均匀，蛋糕顶上浇上咸焦糖浆，点缀一勺冰淇淋，制作一个真正任性的甜点！

- 1片奶油面包（和1片吐司大小一样），原味的，切成1厘米见方的丁
- 2汤匙（30克）打发蛋液（大约为1个特大鸡蛋一半的量）
- 2汤匙（25克）砂糖
- 2汤匙（30毫升）脱脂牛奶
- 1/16茶匙肉桂粉
- 1汤匙（15克）南瓜泥

蛋糕顶部装饰

焦糖浆和冰淇淋各适量

1. 将面包丁放入一个超大的马克杯中：第一层用面包丁沿杯子的内壁排放，然后填满中间。就这样层层堆砌，形成了一个面包丁的宝塔。
2. 另取一个马克杯或碗，把鸡蛋、糖、牛奶、肉桂和南瓜泥一起搅打成蛋奶羹状，然后倒入马克杯中的面包塔上，确保所有的面包丁都浸泡到。
3. 放入微波炉中加热约1分钟或直到蛋奶羹完全成熟。如果需要，您可以将面包布丁从马克杯中取出放在盘子上。趁热配上冰淇淋和焦糖浆食用。

不浪费

如果您不想浪费一个鸡蛋的一部分，可以制作两份面包布丁；因为每份面包布丁只需要一个特大鸡蛋一半的量。

低热量的马克杯蛋糕

（低于200卡）

马克杯蛋糕的另一个吸引人的地方是可以悠着点吃。首先，我承认自制力较差。如果做了整个蛋糕，我会吃掉大半个。这就解释了为什么这些单个的蛋糕非常适合与我一样的人。我会把整个马克杯蛋糕吃完，但是即便是这样，也只是一小块而已。

但有的马克杯蛋糕一个就很大，热量高达1千卡。所以在这一章中我只把热量较低的配方放在一起，让喜欢吃蛋糕的人得到口感的满足而又不担心热量超标！

本章里的马克杯蛋糕的特点是热量都在200卡以内。这些蛋糕也许不像书中其他蛋糕一样营养丰富，但也足以令在意热量的人满意、开心、激动！

苹果味蛋糕

苹果酱的使用可以减少热量的摄入，而且是保持蛋糕湿润的一个好方法。这个蛋糕用不加糖的苹果酱和新鲜的苹果片制作了一个温柔的秋天主题蛋糕。

4汤匙（30克）面粉

1/4茶匙泡打粉

2茶匙砂糖

1.5汤匙（22.5毫升）脱脂牛奶

1/18茶匙肉桂粉

2汤匙（30克）不加糖的苹果酱

2汤匙切碎的苹果（16克）（1厘米见方的丁）

蛋糕顶部装饰（可选，2份的量）

1/2杯（120毫升）稠厚淡奶油

2茶匙砂糖

1茶匙肉桂粉

1 将除了苹果丁以外的所有食材放入一个超大的马克杯中，用小号搅拌器搅拌混合，直至面糊光滑。加入苹果丁拌匀。

2 在微波炉中加热约1分钟。如果蛋糕没完全熟，则额外加热15秒。取出蛋糕，冷却几分钟。

3 如果需要的话，将淡奶油和糖放入搅拌机（或使用手持电动搅拌器）里，用高速搅至起泡。蛋糕抹上奶油，撒上肉桂粉。蛋糕最好趁热食用或在完成后的几小时内食用。

低热量小贴士

此蛋糕大约171卡的热量（除去奶油的热量），图片上的蛋糕做了新鲜的打发奶油装饰。但不加奶油，蛋糕味道依然鲜美。也可以添加一团低脂的打发奶油，只额外增加25卡的热量。

香蕉蛋糕

传统的香蕉蛋糕是如此的好吃，但热量太高了。这个瘦身配方的香蕉蛋糕仍然能满足我们的口感，而不必担心热量超标。

注意：确保舀2大勺已经弄成泥的香蕉，而不是未经过处理的、新鲜的香蕉。因为香蕉弄的越烂，就越容易搅拌。当然，也不能使用冰冻过的香蕉，因为解冻后仍保留了很多水分，会使蛋糕变黏。

大约200卡热量

4汤匙（30克）中筋面粉

1/2茶匙茶匙泡打粉

2茶匙砂糖

3汤匙（45毫升）脱脂牛奶

1/8茶匙茶匙肉桂粉

2汤匙（30克）已捣烂的香蕉（大约半个大香蕉）

蛋糕顶部装饰（可选）

1茶匙糖粉，1片香蕉

1 将所有食材放入一个超大的马克杯中，用小号搅拌器搅拌混合，直至面糊光滑。

2 在微波炉中加热约1分钟。如果蛋糕没完全熟，则额外加热15秒。取出蛋糕，冷却几分钟。

3 如果愿意的话，可以筛一点糖粉在蛋糕表面装饰，再用1片香蕉嵌入蛋糕。蛋糕最好趁热食用或在完成后的几小时内食用。

肉桂蛋糕

这个简单的肉桂味蛋糕既轻又松软，而且热量低。

大约181卡热量

4汤匙面粉（30克）

1/4茶匙发酵粉

3茶匙砂糖

3汤匙（45毫升）脱脂牛奶

1/2汤匙（7.5克）普通脱脂希腊酸奶

1/8茶匙肉桂粉

1 将所有食材放入一个超大的马克杯中，用小号搅拌器搅拌混合，直至面糊光滑。

2 在微波炉中加热约1分钟。如果蛋糕没完全熟，则额外加热15秒。取出蛋糕，冷却几分钟。蛋糕最好趁热食用或在完成后的几小时内食用。

简易南瓜蛋糕

这里是一个比147页更轻版本的的南瓜味蛋糕。品尝这种充满肉桂味的低热量蛋糕的时候，仿佛沐浴在秋天温暖的阳光里。

大约190卡热量

4汤匙中筋面粉

1/4茶匙泡打粉

1汤匙（12.5克）砂糖

2.5汤匙（37.5毫升）脱脂牛奶

2汤匙（30克）罐装的南瓜泥

1/8茶匙肉桂粉

1 将所有食材放入一个超大的马克杯中，用小号搅拌器搅拌混合，直至面糊光滑。

2 在微波炉中加热约1分钟。如果蛋糕没完全熟，则额外加热15秒。取出蛋糕，冷却几分钟。蛋糕最好趁热食用或在完成后的几小时内食用。

巧克力冰淇淋蛋糕

制作一个小杯美味的冰淇淋蛋糕只需要3种食材，而且主要的食材是巧克力冰淇淋，热量在200卡以内，您会相信吗？是的，就是有这么一个神奇的甜点存在！

注意：必须使用品质非常好的全脂冰淇淋（你没听错，是全脂的）。我比较喜欢用哈根达斯。因为配料中没有其他的脂肪来源，所以不可用低脂或无脂冰淇淋。

您须使用蛋糕粉来得到满意的口感。要不然，它的口感会很粗糙，尝起来不像蛋糕。

大约180卡热量

4汤匙（50克）上乘的带有巧克力碎的冰淇淋（不能是低脂或者无脂的）

2汤匙（12.5克）蛋糕粉（不是中筋面粉）

1/8茶匙泡打粉

1 将冰淇淋放入一只较大的马克杯中，在微波炉中加热，大约20秒。

2 加入蛋糕粉和泡打粉，轻轻搅拌使之呈光滑的糊状。

3 在微波炉中加热约1分钟。如果蛋糕没完全熟，则额外加热15秒。取出蛋糕，冷却几分钟。蛋糕最好趁热食用或在完成后的几小时内食用。

开心蓝莓蛋糕

这款经典的蓝莓蛋糕因为使用了希腊酸奶而使人振奋，酸奶是一种神奇的食材，可以使几乎所有的食物更健康。此蛋糕拥有滋润的口感和浆果爆开的甜蜜，它是如此美味，而且热量少于200卡。

大约196卡热量

4汤匙（30克）中筋面粉

3/4茶匙泡打粉

3茶匙砂糖

3汤匙（45毫升）脱脂牛奶

1/2汤匙（7.5克）脱脂希腊酸奶

1/4茶匙香草精

8颗蓝莓

1　将蓝莓之外的所有食材放在一个超大的马克杯里，混合搅拌，直到面糊光滑，加入蓝莓拌匀。

2　在微波炉中加热约1分钟。如果蛋糕没完全熟，则额外加热15秒。取出蛋糕，冷却几分钟。蛋糕最好趁热食用或在完成后的几小时内食用。

草莓酸奶蛋糕

这款蛋糕充满了草莓酸奶的风味，每一口都包含了惊喜的味道。如果愿意的话，还可以用其他水果来替代。

大约199卡热量

4汤匙（30克）中筋面粉

1/4茶匙发酵粉

3茶匙砂糖

2汤匙（30毫升）脱脂牛奶

2汤匙（30克）草莓味脱脂希腊酸奶

1 将所有食材放在一个超大的马克杯里，混合搅拌，直到面糊光滑。

2 在微波炉中加热约1分钟。如果蛋糕没完全熟，则额外加热15秒。取出蛋糕，冷却几分钟。蛋糕最好趁热食用或在完成后的几小时内食用。

4种及以下食材的马克杯蛋糕

这本书中的大多数马克杯蛋糕只需要5分钟制成，如果这还没有足够的动力让您开始动手制作，本章会提供更简单的方法。您不会看到一个有很长食材列表的配方，这些配方无比简单：它们可以在几分钟内完成，而且只有4个主料或更少。告别漫长的购物清单，开始在厨房里做蛋糕，并且品尝蛋糕。

2种食材的无面粉能多益巧克力蛋糕

这是本书中最简单的配方，是我最自豪的创新。两年前，我创新了一个配方——2种食材无面粉能多益（能多益是意大利厂商Ferrero生产的榛子酱）巧克力蛋糕。最初的版本是烘焙一个完整的蛋糕。当这个方子发布在博客上，我第一次经历了如同散播病毒般的传播速度。现在我调整了配方来制作一个更简单的，并且和原来的一样丰富而美味的能多益巧克力马克杯蛋糕。

注意：虽然大多数甜点刚出烤箱热的时候味道最好，但这个配方，必须放置几个小时，才能使味道全面释放。如果您想马上吃掉它，它可能会有点鸡蛋的腥味。等待几小时，您将拥有无与伦比的享受，无面粉能多益巧克力蛋糕能媲美任何甜点。

1只大号的鸡蛋

1/4杯（74克）能多益巧克力碎

蛋糕顶部装饰（可选，2份的量）

56克（约2盎司）黑巧克力碎

1/4杯（60毫升）稠厚淡奶油

适量供撒饰的核桃碎

1 在一个超大号的马克杯中打入鸡蛋，搅拌均匀。

2 添加能多益巧克力大力搅拌，直到面糊光滑与蛋完全融合。由于混合物色泽太暗，很难看到鸡蛋条纹存在。多搅拌几次，以确保面糊中的鸡蛋搅拌均匀，没有团块。

3 在微波炉加热1分钟。蛋糕顶部看起来有一点黏性，但只要蛋糕已经蓬松上升就可以了。让蛋糕放置几个小时，使巧克力榛子味充分散发，以掩盖蛋的腥味。

4 如果需要制作糖霜，把切碎的巧克力放进一个碗里；加热盛着稠厚淡奶油的小罐，一旦开始沸腾，则从炉子上移开，将奶油倒入巧克力碗中，混合搅拌直到巧克力完全融化，最后让其冷却（可以放进冰箱里45分钟加快冷却）。冷却后再搅拌使其光滑、有光泽。

5 巧克力酱冷却和搅拌完成，可以用它装饰蛋糕，再撒上切碎的核桃。

4种食材的能多益巧克力蛋糕

如果您读过我的博客，就会知道我是一个超级能多益巧克力迷。幸运的是，有很多人分享我的激情：这个4种食材的能多益巧克力蛋糕是最受欢迎的马克杯蛋糕。我删去所有不必要的成分，让能多益巧克力处于主要地位。蛋糕湿润、口感丰富、味道完美，无愧于能多益巧克力的粉丝。您相信它只有4种食材吗？

4汤匙（30克）中筋面粉

1/4茶匙泡打粉

3汤匙（45毫升）脱脂牛奶

1/4杯（74克）能多益巧克力

1　将所有食材放在一个超大的马克杯中，混合搅拌，直到面糊光滑。

2　在微波炉中加热约1分钟。如果蛋糕没完全熟，则额外加热15秒。取出蛋糕，冷却几分钟。蛋糕最好趁热食用或在完成后的几小时内食用。

四重奏巧克力蛋糕

是的，可以用仅仅4种食材做巧克力蛋糕！它的质地不像其他巧克力蛋糕，但绝对像是一杯美味的咖啡。

注意：为了得到最佳的品尝效果，蛋糕做成后最好马上享用。这个蛋糕脂肪含量较低，因为不添加油。所以，如果放几个小时会变干。

1/4杯（45克）半甜的巧克力碎

3汤匙（45毫升）再加上1汤匙（15毫升）全脂牛奶

3汤匙（22.5克）中筋面粉

1/4茶匙泡打粉

1 把巧克力碎和3汤匙牛奶混合在一个超大的马克杯中，微波炉加热约40秒；再混合搅拌直到巧克力完全融化。

2 加入面粉和泡打粉搅拌，直到面糊光滑。

3 最后加入剩余的1汤匙牛奶搅拌均匀。

4 在微波炉中加热约1分钟。如果蛋糕没完全熟，则额外加热15秒。取出蛋糕，冷却几分钟。蛋糕最好趁热食用或在完成后的几小时内食用。

巧克力面包蛋糕

这种湿润像巧克力的快速面包蛋糕使用了3种食材：面粉、泡打粉和一些巧克力冰淇淋。但一定要使用优质全脂冰淇淋（比如哈根达斯），否则达不到应该有的效果。

4汤匙（50克）优质全脂巧克力冰淇淋（不是低脂或无脂）

2汤匙（15克）中筋面粉

1/4茶匙泡打粉

蛋糕顶部装饰（可选，2份的量）

1/2杯（120毫升）稠厚淡奶油

2茶匙砂糖

10颗覆盆子

1 将冰淇淋放入一个超大的马克杯中，加热约20秒融化。

2 添加面粉和泡打粉，混合搅拌，直到面糊光滑。

3 在微波炉中加热约1分钟。如果蛋糕没完全熟，则额外加热15秒。取出蛋糕，冷却几分钟。

4 如果需要，将淡奶油和砂糖一起放入搅拌机（或使用手持电动搅拌器）中，高速搅拌直到起泡。在蛋糕顶部抹上奶油，放上覆盆子装饰。趁蛋糕尚有余温的时候享用。

冰淇淋的选项

创造属于您自己的冰淇淋风味。但要选择厚重的口味，如咖啡、巧克力和焦糖的。

安第斯山薄荷蛋糕

融化的薄荷糖带来了舒缓的、薄荷口味的巧克力蛋糕，每一口都让人有一种冰爽的感觉。

8颗安第斯山薄荷糖，切两截
3汤匙（45毫升）全脂牛奶
3汤匙（22.5毫升）中筋面粉
1/4茶匙泡打粉

1 将巧克力薄荷糖和牛奶一起放入一个超大的马克杯中，微波炉加热约40秒，搅拌混合直到巧克力完全融化。
2 添加剩余的食材搅拌，直到面糊光滑。
3 在微波炉中加热约1分钟。如果蛋糕没完全熟，则额外加热15秒。取出蛋糕，冷却几分钟。趁热享用。

早餐
马克杯蛋糕

您热爱早餐吗？如果是这样，您的早餐甜点配方就在这一章里，从蓝莓玛芬蛋糕，到枫糖浆煎饼和法式吐司。一如既往，这些美味的马克杯蛋糕只需要5分钟或更少的时间，这对于为早餐忙个不停的人们是一种很大的便利。

顶部装饰食材碎末的蓝莓玛芬蛋糕

我非常相信撒着食材碎末的蛋糕更好吃。这个玛芬蛋糕点缀着蓝莓和大量的装饰食材碎屑。这个玛芬蛋糕，比起24页的蓝莓蛋糕，顶部碎屑装饰有点复杂。

4汤匙（30克）面粉

1/8茶匙泡打粉

1/16茶匙小苏打

2茶匙砂糖

3汤匙（45毫升）脱脂牛奶

1/2汤匙（7.5毫升）植物油

8颗新鲜的蓝莓

蛋糕顶层装饰（可选，2份的量）

1/2汤匙（7克）冷黄油，切成小块

3/4汤匙（5.6克）中筋面粉

1大勺（12.5克）加1茶匙（4克）红糖

1/16茶匙肉桂粉

1 制作玛芬蛋糕：将除了蓝莓之外的所有玛芬蛋糕的配料一起放在一个超大的马克杯中，混合搅拌直至面糊光滑，然后加入蓝莓拌匀。

2 制作蛋糕顶层装饰碎屑：在另一小碗中，将装饰食材混合，直到黄油块、面粉、糖、肉桂粉等混合均匀。

3 在蛋糕面糊的表面，均匀地撒上装饰碎屑。

4 在微波炉中加热约1分钟。如果蛋糕没完全熟，则额外加热15秒。取出蛋糕，冷却几分钟。趁热享用。或在做好的几小时内吃掉。

省去一个步骤

如果您对顶部食材碎屑装饰没有兴趣，也可以考虑不用，节省一些时间。或者您可以撒上粗糖作为替代。

咖啡蛋糕

这款以酸奶为基础的蛋糕拥有强烈的色彩和黄油肉桂碎屑装饰的顶部。

蛋糕

4汤匙（30克）中筋面粉

1/4茶匙泡打粉

3茶匙砂糖

2汤匙（30毫升）脱脂牛奶

1/2汤匙（7.5毫升）植物油

2汤匙（30克）酸奶

蛋糕顶层装饰（可选，2份的量）

1/2汤匙（7克）冷黄油，切成小块

3/4汤匙（5.6克）面粉

1汤匙（12.5克）加1茶匙（4克）红糖

1/16茶匙肉桂粉

1　制作蛋糕：将制作蛋糕的食材放在一个超大的马克杯中，用小号搅拌器混合搅拌，直至面糊光滑。

2　制作顶层装饰料；在另一个小碗中，混合装饰食材配料，直到黄油块、面粉、糖、肉桂等混合均匀。

3　在蛋糕面糊的表层，均匀地铺上装饰料。

4　在微波炉中加热约1分钟。如果蛋糕没完全熟，则额外加热15秒。取出蛋糕，冷却几分钟。趁热享用。或在做好的几小时内吃掉。

法式吐司蛋糕

早餐时刚得到这个简单得多的法式吐司马克杯蛋糕配方，这也是一个很好用的老式面包配方。

1片面包（白色或棕色），尚未焗黄，切1厘米见方的丁
2汤匙（30克）蛋液（大约1个特大鸡蛋一半的量）
2汤匙（30毫升）脱脂牛奶
1/8茶匙肉桂粉
1汤匙（12.5克）砂糖枫糖浆

1 将面包丁堆放在一只超大的马克杯中：首先，将面包丁沿着杯子的内壁围一圈，然后填满中间。如此这般堆砌，直到面包丁用完，最终形成了一个面包丁堆砌的塔。
2 在另外一个单独的杯子或碗中，把鸡蛋液、牛奶、肉桂和糖混合搅拌。然后把蛋奶混合物注入面包塔中，确保全部面包丁都浸泡在蛋奶混合物中。
3 在微波炉中加热约1分钟或直到牛奶蛋羹混合物完全焗熟。您可以直接吃蛋糕，或将法式吐司塔放到盘子里，搭配糖浆食用。

不浪费

如果不想浪费另一半蛋液，可以一次做2个吐司蛋糕——每个用一半鸡蛋刚刚好。

蜂蜜漩涡蛋糕

蜂蜜蛋糕虽然简单，但是如此迷人。蜂蜜的味道总是让人们嘴角挂上微笑，我喜欢吃这款蛋糕，再来一杯热气腾腾的茶，就是一顿很悠闲的周末早餐。

4汤匙（30克）中筋面粉

1/4茶匙泡打粉

3茶匙砂糖

3汤匙（45毫升）脱脂牛奶

1/2汤匙（7.5毫升）植物油

1汤匙（21克）加1/2汤匙蜂蜜（11克）

1　将除1/2汤匙蜂蜜之外的所有食材放在一个超大的马克杯中，用小号搅拌器混合搅拌直至面糊光滑。

2　把剩余的蜂蜜淋在面糊表面，用餐叉搅拌成漩涡状。如果不想做蜂蜜漩涡蛋糕，就小心不要完全搅进面糊中。

3　放入微波炉中加热约1分钟。如果蛋糕没完全熟，再额外加热15秒。取出蛋糕，冷却几分钟。蛋糕最好趁热食用或做好的几小时内享用。

意大利浓咖啡蛋糕

如果您早晨经常喝一杯咖啡，那为什么不直接将它添加到您的早餐里呢？许多焙烤食品都含有咖啡粉浓浓的香味。

4汤匙（30克）中筋面粉
1/4茶匙泡打粉
3茶匙砂糖
3汤匙（45毫升）脱脂牛奶
1/2汤匙（7.5毫升）植物油
1/2茶匙意大利浓咖啡粉
1/2茶匙糖粉，可选

1　将除了糖粉之外的所有食材加入到一个超大的马克杯中，用小号搅拌器混合搅拌直至面糊光滑。

2　放入微波炉中加热约1分钟。如果蛋糕没完全成熟，则额外加热15秒。取出蛋糕，冷却几分钟，然后，如果需要的话，筛一点糖粉在蛋糕上。蛋糕最好趁热食用或做好的几小时内享用。

枫糖浆煎饼

我的理想早餐几乎总是有西式煎饼。用这个配方，只是相当于做一个简单的煎饼。不需要搅打大量的面糊或不停地翻转烤盘上的薄煎饼。只需混合—入微波炉—淋糖浆—开吃！

1/4杯（30克）煎饼混合粉（如饼干粉一样）

2汤匙（30毫升）脱脂牛奶

1汤匙（20克）枫糖浆，再加上额外的一点点供淋饰用

蛋糕顶层装饰（可选，2份的量）

1/2杯（120毫升）稠厚淡奶油

2茶匙砂糖

2片小煎饼

1　将所有食材放在一个超大的马克杯中，混合搅拌均匀，几乎没有小的块状物存在。

2　放入微波炉中加热约1分钟。如果蛋糕没完全成熟，则额外加热15秒。取出蛋糕，冷却几分钟。

3　将稠厚淡奶油和糖放入一台混合搅拌机（或用手持电动搅拌器）中，高速搅打至起泡。如果需要的话，可以在蛋糕顶上的奶油和小煎饼上淋糖浆。

香蕉面包蛋糕

如果您曾经做过香蕉面包，就知道将所有食材混合在一起是小事一桩。但问题是烘焙面包需要漫长的等待。但本书中，短短5分钟内，就可以有一个新鲜的——“烤”香蕉面包的马克杯蛋糕，使早餐变得完美。

注意：确保您舀取的是已经捣碎成泥的香蕉，而不是超过2汤匙的未切碎的香蕉。熟透的香蕉很容易搅拌。同时，慎用冷冻香蕉，因为解冻后也会保留大量的水分，使蛋糕口感黏黏的。

4汤匙（30克）中筋面粉

1/2茶匙泡打粉

2茶匙砂糖

2汤匙半（37.5毫升）植物油

1/8茶匙肉桂粉

2汤匙（30克）捣碎的过熟香蕉（约一个大香蕉一半的量）

1汤匙（8克）切碎的胡桃或核桃（可选）

1 将坚果之外的所有食材放入一个超大的马克杯中，用小号搅拌器混合搅拌，直到面糊光滑。加入胡桃碎或核桃碎。

2 在微波炉中加热约1分钟。如果蛋糕尚未成熟，则额外加热15秒。取出蛋糕，冷却几分钟。蛋糕最好趁热食用或在做好的几小时内享用。

咖啡与茶
马克杯蛋糕

比一杯美味咖啡或清香的茶更新鲜的是什么？当然是甜点！具体来说就是混合了那些喜欢的饮料口味的甜点。无论您是一个咖啡爱好者或茶客，本章涵盖了您最喜欢的咖啡因饮料风味的甜点。我每天都喝饮料，喜欢做的一件事就是吃着包含各种饮料风味的点心，胜过饮用它们。这些咖啡和茶风味的马克杯蛋糕好吃到最后一口。嗯，吃掉它！

姜饼—拿铁咖啡蛋糕

加一点香料在美味的冬季点心中，会产生别致的味道。流行的节日饮料变成蛋糕的形式，夹带着糖蜜、姜和意大利浓咖啡的风味。

4汤匙（30克）中筋面粉

1/4茶匙泡打粉

3汤匙（45毫升）脱脂牛奶

1/2汤匙（7.5毫升）植物油

1汤匙（21克）黑糖蜜

1汤匙（12.5克）黑糖

1/4茶匙意大利浓咖啡粉

1/2茶匙生姜粉

1/16茶匙肉桂粉

1 将所有食材放入一个超大的马克杯内，用小号搅拌器搅拌直至面糊光滑。

2 在微波炉中加热约1分钟。如果蛋糕没完全成熟，再额外加热15秒。取出蛋糕，冷却几分钟。蛋糕最好趁热食用或在几小时内享用。

爪哇碎片蛋糕

就像流行的星巴克饮料，这是一款点缀着苦甜参半巧克力碎的意大利浓咖啡味的蛋糕。咖啡和黑巧克力的配合绝对是梦幻的。我喜欢在蛋糕顶上加上奶油，就像在咖啡店给咖啡加奶油一样。

4汤匙（30克）中筋面粉
1/4茶匙泡打粉
1汤匙（12.5克）砂糖
3汤匙（45毫升）脱脂牛奶
1/2汤匙（7.5毫升）植物油
1/2茶匙意大利浓咖啡粉
1汤匙多（11克）苦甜参半的巧克力碎屑

1 除巧克力碎屑外的所有食材放入一个超大的马克杯内，用小号搅拌器搅拌直至面糊光滑，然后加入巧克力碎屑。

2 在微波炉加热约1分钟。如果蛋糕没完全成熟，再额外加热15秒。取出蛋糕，冷却几分钟。蛋糕最好趁热食用或在几小时内享用。

抹茶蛋糕

抹茶是绿茶粉，这蛋糕带来自然的、充满活力的绿色色调。抹茶的风味真是独特而复杂，而且有很多健康益处，这是享用这款美味马克杯蛋糕的一大理由！

注意：高级抹茶粉是茶道专用，而非用于烹饪等级的产品。如果把它们放一起对比，会立即看到颜色的差异：烹饪等级的抹茶粉会把蛋糕染成更多的黄绿色。我最喜欢的牌子是金罐质量的日本前田恩。

4汤匙（30克）中筋面粉

1茶匙优质抹茶粉

1/4茶匙泡打粉

1汤匙（12.5克）砂糖

3汤匙（45毫升）脱脂牛奶

1/2汤匙（7.5毫升）植物油

1 将面粉、抹茶粉和泡打粉加入到超大的马克杯中，搅拌至抹茶粉完全掺入到面粉中。

2 加入剩余的食材，缓慢搅拌直至面糊光滑，没有抹茶粉团块存在（存在一些暗绿色斑点没问题，但不能有任何团块）。

3 在微波炉中加热约1分钟。如果蛋糕没完全成熟，再额外加热15秒。取出蛋糕，冷却几分钟。蛋糕最好趁热食用或在几小时内享用。

摩卡蛋糕

一点点巧克力会让很多食品味道更好，这可能是为什么摩卡是一个受欢迎的咖啡饮料。这款蛋糕是意大利浓咖啡粉末和一点点可可巧克力制成的。

3汤匙（22.5克）中筋面粉
1/4茶匙泡打粉
2汤匙（25克）砂糖
3汤匙（45毫升）脱脂牛奶
1/2汤匙（7.5毫升）植物油
1汤匙（7.5克）不加糖的可可粉（荷兰产）
1汤匙意大利浓咖啡粉

1 将所有食材放在一个超大的马克杯内，用小号搅拌器搅拌，直至面糊光滑。

2 在微波炉加热约1分钟。如果蛋糕没完全成熟，则额外加热15秒。取出蛋糕，冷却几分钟。蛋糕最好趁热食用或在几小时内享用。

南瓜—香料拿铁咖啡蛋糕

淡淡的南瓜、少许香料、一杯意大利浓咖啡——这就是非常受欢迎的南瓜香料拿铁，经典的秋季饮料。当树叶开始变色，在风中飘荡，人们就开始渴望丰收的秋季咖啡宴飨。我创新了一个南瓜香料拿铁咖啡蛋糕配方，像同名的饮料一样让人快乐。

4汤匙（30克）中筋面粉

1/4茶匙泡打粉

2汤匙（25克）砂糖

2汤匙（30毫升）脱脂牛奶

1/2汤匙（7.5毫升）植物油

1/2茶匙南瓜香料

1/4茶匙意大利浓咖啡

2汤匙（30克）罐装南瓜泥

1 将所有食材放在一个超大的马克杯中，用小号搅拌器搅拌，直至面糊光滑。

2 在微波炉中加热约1分钟30秒。如果蛋糕没完全成熟，则额外加热15秒。取出蛋糕，冷却几分钟。蛋糕最好趁热食用或在几小时内享用。

泰茶蛋糕

泰国冰茶是我最喜欢的一种饮料，因其具有炽烈的橙色和芬芳的气息。这款美味的蛋糕就像刚摘的橘子一样鲜艳。

4汤匙（30克）中筋面粉
1/4茶匙泡打粉
3茶匙砂糖
3汤匙（45毫升）脱脂牛奶
1/2汤匙（7.5毫升）植物油
1汤匙（14克）速溶混合泰国茶（加糖和奶油的粉末）

1　将所有食材放入一个超大的马克杯内，用小号搅拌器搅拌，直至面糊光滑。
2　在微波炉中加热约1分钟。如果蛋糕没完全成熟，则额外加热15秒。取出蛋糕，冷却几分钟。蛋糕最好趁热食用或在几小时内享用。

哪里能买到它？

速溶泰国茶混合包可以在大多数超市买到。

香草拿铁咖啡蛋糕

有时候，简单就是最好。香草风味拿铁与许多其他的选择相比，听起来平淡无奇，但是这个蛋糕增强了香草豆面糊的滋味，加入了一个奇妙的芳香气味。

4汤匙（30克）面粉

1/4茶匙泡打粉

1汤匙（12.5克）砂糖

3汤匙（45毫升）脱脂牛奶

1/2汤匙（7.5毫升）植物油

1/4茶匙意大利浓咖啡

1/2茶匙香草酱

1 将所有食材放入一个超大的马克杯内，用小号搅拌器搅拌，直至面糊光滑。

2 在微波炉中加热约1分钟。如果蛋糕没完全成熟，则额外加热15秒。取出蛋糕，冷却几分钟。蛋糕最好趁热食用或在几小时内享用。

怀旧 马克杯蛋糕

随着年龄的增长，我们越来越喜欢回忆自己的童年。本章通过介绍小时候第一次接触到的甜食，来唤醒您的记忆——从棉花糖甜点到果冻，到非常受喜爱的女主人马克杯蛋糕。

虽然时光不能倒流，但我们可以通过这些蛋糕来回想起过去的珍贵时光。当然，这些配方的蛋糕非常适合与孩子们分享。

有趣的五彩糖屑蛋糕

长大以后，我会选有趣的五彩糖屑蛋糕做生日蛋糕。在简单的蛋糕中融入了彩色的糖屑，这款聚会点心同样适用于大孩子和小孩子。不管是看还是吃都很有趣。

4汤匙（30克）普通面粉

1/4茶匙泡打粉

2茶匙砂糖

3汤匙（45毫升）脱脂牛奶

1/2汤匙（7.5毫升）植物油

1/4茶匙香草精

1/2汤匙（6克）彩虹糖

蛋糕顶部装饰

香草冰淇淋

少量彩虹糖

1 把除彩虹糖之外的所有食材放进一个大号的马克杯，用小号搅拌器搅拌至面糊光滑；加入彩虹糖拌匀。

2 在微波炉中加热1分钟。如果蛋糕没完全成熟，则额外加热15秒。之后让蛋糕冷却一会儿。

3 如果愿意的话，可以在蛋糕上用一勺香草冰淇淋或彩虹糖装饰。蛋糕最好趁热食用或在烤好后几小时内享用。

女主人蛋糕

对这个蛋糕的喜爱主要体现在这个巧克力蛋糕的底部和松软的棉花糖奶油夹心。

3汤匙（22.5克）中筋面粉
1/4茶匙泡打粉
1汤匙（12.5克）砂糖
3汤匙（45毫升）脱脂牛奶
1/2汤匙（7.5毫升）植物油
1汤匙（7.5克）不加糖的可可粉（荷兰产）
1汤匙（6克）棉花糖奶油

蛋糕顶部装饰
（2份的量）

2汤匙（22克）黑巧克力碎片
4汤匙（55克）商场买的白奶油霜

1 把除棉花糖奶油之外的所有食材放在一个超大的马克杯中，用小号搅拌器搅拌，直至面糊光滑。
2 舀出3/4杯面糊放在一边备用。只留薄薄一层糊状物在杯底。
3 在杯中加入棉花糖奶油，奶油必须尽可能接近底部的糊状物。这样它才不会在烤制过程中浮到顶部。
4 把舀出的面糊放回杯中，倒在奶油上方，确保覆盖全部奶油。面糊的重量能让奶油在烤制过程中保持在内部。
5 用微波炉加热大约1分钟。如果没完全成熟，则额外加热15秒。让蛋糕凉几分钟。
6 为了做蛋糕表面结霜，可以将巧克力片融化浇在蛋糕上。然后，将蛋糕放进冰箱冷却来硬化巧克力。将奶油霜装进裱花袋，在蛋糕上进行裱花。蛋糕最好在烤好后的几小时内食用。

果冻蛋糕

这款五彩的蛋糕尝起来有果冻的口感。您可以尝试制作各种各样味道和颜色的甜点（注：孩子也会喜欢的）。

4汤匙（30克）中筋面粉

1/4茶匙泡打粉

3汤匙（45毫升）脱脂牛奶

1/2汤匙（7.5毫升）植物油

1汤匙（14克）果冻凝固粉（挑您喜欢的，但不能无糖）

蛋糕顶部装饰（可选，2份的量）

1/2杯（120毫升）稠厚淡奶油

2茶匙砂糖

彩虹糖

1 把所有食材放进一个超大的马克杯中，用小号搅拌器搅拌，直至面糊光滑。

2 用微波炉加热大约1分钟。如果没完全成熟，则额外加热15秒。让蛋糕凉几分钟。

3 如果您愿意，将稠厚淡奶油和砂糖放进搅拌机（或用手持电动搅拌器）中，高速搅拌打发。蛋糕顶部用打发奶油和彩虹糖装饰。蛋糕最好趁热食用或在烤好后的几小时内享用。

热可可蛋糕

在冬天享用热巧克力，是多么美味、温暖、舒适！没有任何东西能和它比。儿时，从寒冷的外面回家时，就会品尝到妈妈做的热巧克力饮料。这个蛋糕最好和热巧克力及迷你彩虹糖搭配，就像我童年吃的热巧克力。

3汤匙（22.5克）中筋面粉

1/4茶匙泡打粉

2茶匙砂糖

3汤匙（45毫升）脱脂牛奶

1/2汤匙（7.5毫升）植物油

1汤匙（14克）热可可

5颗迷你彩虹糖

1 把除彩虹糖之外的所有食材放进一个超大的马克杯中，用小号搅拌器搅拌至面糊光滑。最后，把彩虹糖撒在面糊顶端。

2 在微波炉中加热1分钟。如果蛋糕没完全成熟，则额外加热15秒，之后让蛋糕冷却一会儿。蛋糕最好趁热食用或烤好不久享用。

布丁蛋糕

几年前，蛋糕店开始在面糊中加入一些布丁粉混合起来制作甜点。布丁使蛋糕更加湿润，所以也适用于美味的马克杯蛋糕配方。只要一勺这种神奇的食材，就能让人有特别愉快的体验。

注意： 只能用布丁混合粉，不要让它在混合前变成布丁。

3汤匙（22.5克）普通面粉

1/4茶匙发酵粉

2茶匙砂糖

3汤匙（45毫升）无脂牛奶

1/2汤匙（7.5毫升）植物油

1汤匙（14克）速溶香草布丁粉（或者您喜欢的其他口味布丁粉）

1 把所有食材放入一个超大的马克杯中，用小号搅拌器搅拌，直至面糊光滑。

2 在微波炉中加热1分钟。如果蛋糕没完全成熟，则额外加热15秒。之后让蛋糕冷却一会儿。蛋糕最好趁热食用或在烤好不久享用。

混合&搭配

我通常用香草布丁粉，但是您可以搭配自己喜欢的口味来改变蛋糕的风味。

花生酱和果冻蛋糕

我记得小时候常吃花生酱和果冻三明治，但成年后就很少吃了。这款蛋糕以花生酱蛋糕为基础，里面有果酱和果冻，让人十分惊喜。我更喜欢果酱因为它的成分更加厚重，而且，在烤制蛋糕时，果酱冒到表面也没关系，它能呈现出一种漂亮的、熔岩般的效果。

4汤匙（30克）中筋面粉

1/4茶匙泡打粉

4茶匙砂糖

4汤匙（60毫升）脱脂牛奶

3汤匙（48克）花生酱（超市买的）

1大汤匙（20克）果酱

1 把除果酱之外的所有食材放进一个大号的马克杯中，用小号搅拌器搅拌，直至面糊光滑。

2 用冰淇淋勺子舀出一半面糊放在一边，备用。

3 在杯中剩下的一半面糊表面上注入一大汤匙果酱，然后把舀出的面糊覆盖上去，完全盖住果酱。

4 在微波炉中加热1分钟。如果蛋糕没完全成熟，则额外加热15秒。之后让蛋糕冷却一会儿。蛋糕最好趁热食用或在烤好不久享用。

花生酱马克杯蛋糕

长大后，我最喜欢的万圣节食品是花生酱马克杯蛋糕，一直到现在仍然是保留节目。这款蛋糕将奶油花生酱夹在巧克力蛋糕的中间，让人垂涎万分。

3汤匙（22.5克）中筋面粉
1/4茶匙泡打粉
1汤匙（12.5克）砂糖
3汤匙（45毫升）脱脂牛奶
1/2汤匙（7.5毫升）植物油
1汤匙（7.5克）不甜可可粉（荷兰产）
1汤匙（16克）奶油花生酱

巧克力霜（可选，2份的量）

56克（约2盎司）黑巧克力碎
1/4杯（60毫升）稠厚淡奶油
巧克力糖屑

1 把除花生酱之外的所有食材放进一个超大的马克杯中，用小号搅拌器搅拌，直至面糊光滑。

2 把花生酱轻轻放在面糊中间，轻轻按下去直到面糊刚好覆盖花生酱。在烤制时花生酱会下沉，所以不能把它按的太深，否则会沉到杯底。

3 在微波炉中加热1分钟。如果蛋糕没完全成熟，则额外加热15秒。之后让蛋糕冷却一会儿。

4 如果愿意，可以把巧克力碎屑放入一个小碗中；用一个小锅加热稠厚淡奶油，一旦它开始沸腾，就熄火。将稠厚淡奶油倒在巧克力碎屑上，混合拌匀。让巧克力放在一边冷却（也可以放进冰箱45分钟），冷却后要再次搅拌来让它平滑和光亮。

5 一旦巧克力酱做好后，立即把它放进一个裱花袋里，挤在蛋糕上。用巧克力糖屑装饰。蛋糕最好在烤好后的几小时内食用。

棉花糖甜点

棉花糖是大多数人童年时都吃过的零食，这里说的棉花糖不是那种一大团蓬松如云朵的棉花糖，而是小块的口感筋道的那种。我最喜欢烤后的棉花糖：逐渐膨胀，形成一个脆皮包裹着黏黏的、融化的中心。普通的棉花糖没有太多的诱惑力，但是烤过后，它们就变得非常好吃。

如果想要烤棉花糖的效果，那么就需要一台烤箱，微波炉不能让棉花糖有漂亮的棕黄色。现在家庭里的烤箱也很普及了，可以尝试一下。

4汤匙（24克）全麦饼干（大概一大片全麦饼干）

1汤匙（14克）融化的黄油

1/4杯（45克）半糖巧克力碎屑

3汤匙（45毫升）脱脂牛奶

2汤匙（15克）中筋面粉

1/4茶匙泡打粉

1/2茶匙（7.5毫升）植物油

18~20克棉花糖

装饰（可选）

巧克力星星

1 把全麦饼干和融化的黄油放入一个超大的马克杯中，混匀直到黄油全部裹匀饼干。用力向下按，使蛋糕底部有个均匀的硬壳。

2 将牛奶和巧克力屑放入一只单独的小碗中，微波炉加热40秒，用搅拌器搅拌到巧克力完全融化。

3 再加入面粉、泡打粉、植物油，用搅拌器混合至面糊光滑，倒入杯中全麦饼干硬壳的上方。

4 在微波炉中加热1分钟，如果没完全成熟，则继续加热15秒。

5 顶部装饰上棉花糖。可以在烤箱里面烤，把烤箱调到190℃，加热5分钟，至棉花糖顶部开始变成淡棕色。也可以在微波炉里加热15～30秒，但得不到那个颜色。最后，可以放一个巧克力星星来进行装饰。蛋糕最好趁热食用。

适合成年人的马克杯蛋糕

本书中的大多数马克杯蛋糕都是孩子们所喜爱的，但偶尔，我们也可以尝试一下适合成年人的含少许酒味的蛋糕，从一款优雅的香槟蛋糕，到有节日特点的玛格丽特，再到尤伯杯甘露巧克力黑啤蛋糕，这些微醺的马克杯蛋糕，都十分适合于派对。

爱尔兰百利甜酒奶油蛋糕

甜甜的奶油状利口酒，是如此的令人愉快，同样地，它会赋予蛋糕特殊的风味。

4汤匙（30克）中筋面粉
1/4茶匙泡打粉
1汤匙（12.5克）砂糖
2汤匙（30毫升）脱脂牛奶
1/2汤匙（7.5毫升）植物油
1汤匙（15毫升）百利甜酒
1汤匙（11克）半甜半苦的巧克力碎屑

1 将所有食材放入一个超大的马克杯中，用小号搅拌器搅拌混合，直到面糊光滑。

2 用微波炉加热1分钟，如果蛋糕没完全成熟，则额外加热15秒。蛋糕最好趁热食用或在烤熟后几小时内享用。

奶油味的替代

做一些卡布奇诺咖啡烘烤碎屑，来替代巧克力碎屑，会得到更浓烈的奶油咖啡的味道。

甘露咖啡酒巧克力蛋糕

巧克力和咖啡是天作之合，所以能想象这款蛋糕尝起来是多么奇妙。风味以巧克力为主基调，混合夹杂轻微咖啡利口酒的甜香。

3汤匙（22.5克）多用途面粉

1/4茶匙泡打粉

2小匙砂糖

2.5汤匙（37.5毫升）脱脂牛奶

1/2汤匙（7.5毫升）植物油

1汤匙（7.5克）不加糖的可可粉（荷兰产）

1汤匙（15毫升）甘露咖啡利口酒

1 将所有食材放入一个超大的马克杯中，用小号搅拌器搅拌混合，直到面糊光滑。

2 用微波炉加热1分钟。如果蛋糕没完全成熟，则额外加热15秒。蛋糕最好趁热食用或在烤熟后几小时内享用。

玛格丽特蛋糕

这又是一个适合聚会享用的蛋糕，因为它可以直接用玛格丽特杯在微波炉里制作。甚至可以在盘子的边缘放一些粗糖做装饰，以充分发挥整体效果。

4汤匙（30克）中筋面粉
1/4茶匙泡打粉
2汤匙（25克）砂糖
2汤匙（30毫升）脱脂牛奶
1/2汤匙（7.5毫升）龙舌兰酒
1汤匙（7.5毫升）新鲜青柠汁
1/4茶匙青柠檬皮

1　将所有食材放入一个超大的马克杯中，用小号搅拌器搅拌混合，直到面糊光滑。您可以在马克杯里直接做面糊，或将面糊倒入一个标准的玛格丽特玻璃杯中。
2　用微波炉加热1分钟。如果蛋糕没完全成熟，则额外加热15秒。蛋糕最好趁热食用或在烤熟后几小时内享用。

巧克力黑啤蛋糕

黑啤酒有苦味，但与巧克力蛋糕搭配，使味觉增加了另一个维度，提高了巧克力苦中带甜的印记，从而产生一款令人非常愉悦的蛋糕。

3汤匙（22.5克）中筋面粉

1/4茶匙泡打粉

1汤匙（12.5克）砂糖

2.5汤匙（37.5毫升）脱脂牛奶

1/2汤匙（7.5毫升）植物油

1汤匙（7.5克）不加糖的可可粉（荷兰产）

1汤匙（15毫升）黑啤酒

蛋糕顶部装饰（可选，2份的量）

1/2杯（120毫升）稠厚淡奶油

2茶匙砂糖巧克力糖浆

巧克力碎屑

1 将所有食材放入一个超大的马克杯中，用小号搅拌器搅拌混合，直到面糊光滑。

2 用微波炉加热1分钟。如果蛋糕没完全成熟，则额外加热15秒；取出蛋糕，冷却几分钟。

3 如果需要的话，将稠厚淡奶油和糖放在搅拌机（或用手持电动搅拌器）中，高速搅打至起泡。在蛋糕顶部挤上打发的奶油，淋上细细的巧克力糖浆，最后用巧克力碎屑点缀装饰。

冰镇果汁朗姆酒蛋糕

这个热带鸡尾酒感觉的蛋糕会让人仿佛置身于海滩。它富含朗姆酒、菠萝味和椰奶的热带风情。

4汤匙（30克）中筋面粉

1/4茶匙泡打粉

2茶匙（25克）砂糖

3汤匙（45毫升）椰奶

1/2汤匙（7.5毫升）植物油

1汤匙（15毫升）黑朗姆酒

1汤匙（13克）切碎的菠萝罐头（切成1厘米见方的丁）

奶油奶酪糖霜装饰（可选，2份的量）

2汤匙（28克）奶油奶酪

2汤匙（28克）黄油

5汤匙（40克）糖粉

菠萝糖浆

1 将菠萝丁之外的其他食材放入一个超大的马克杯中，用小号搅拌器混合搅拌，直至面糊光滑，加入菠萝丁拌匀。

2 用微波炉加热1分钟。如果蛋糕没完全成熟，则额外加热15秒，取出蛋糕，冷却几分钟。

3 如果需要的话，将奶油奶酪、黄油、糖粉放在搅拌机（或使用手持电动搅拌器）中，高速搅打至起泡。蛋糕顶上挤上糖霜装饰，淋上菠萝糖浆。蛋糕最好趁热食用或在烤熟后几小时内享用。

朗姆酒蛋糕

传统的朗姆酒蛋糕是湿润的，因为浸泡在朗姆酒浓汁里。这款蛋糕可以没有浓汁，但本身带着朗姆酒和香草的气息，很受欢迎。如果想体验经典的朗姆酒蛋糕，有一个巧妙的方法——在蛋糕上戳几个洞，将朗姆酒浓汁注入其中即可。

蛋糕

4汤匙（30克）中筋面粉

1/4茶匙泡打粉

1.5茶匙（19克）砂糖

3汤匙（45毫升）脱脂牛奶

1/2汤匙（7.5毫升）植物油

1/2茶匙香草酱

1汤匙（15毫升）黑朗姆酒

朗姆酒浓汁（2份的量）

1/4杯（50克）砂糖

1/4杯（60毫升）水

1/2汤匙（7.5毫升）黑朗姆酒

1 蛋糕：将所有食材放入一个超大的马克杯中，用小号搅拌器搅拌混合，直到面糊光滑。

2 用微波炉加热1分钟。如果蛋糕没完全成熟，则额外加热15秒；蛋糕冷却几分钟时，您可以准备朗姆酒浓汁。蛋糕最好趁热食用或在烤熟后几小时内享用。

3 朗姆酒蛋糕浓汁：将制作朗姆酒浓汁的食材放在一个小锅里加热，直到它减少和变稠。或者放在微波炉专用杯中，加热1分钟，取出观察下，如此重复3~4次，直到其产生气泡和变稠。马克杯蛋糕做好后，在其冷却变硬之前，戳洞并立即注入朗姆酒浓汁即可。

香槟蛋糕

当您想庆祝时，香槟味蛋糕是欢庆派对最合适的。蛋糕的香槟酒味和泡沫在舌尖留下挥之不去的感觉。因为香槟本身没有太多的味道，建议加一点香槟糖霜。

4汤匙（30克）中筋面粉

1/4茶匙泡打粉

1勺（12.5克）砂糖

2汤匙（30毫升）脱脂牛奶

1/2汤匙（7.5毫升）植物油

2汤匙（30毫升）不甜的香槟

糖霜 （2份的量）

1/2杯（120克）稠厚淡奶油

1汤匙（15毫升）干香槟（酿制时不加糖的香槟）

2茶匙砂糖

1　蛋糕制作：将所有食材放入一个超大的的马克杯中，用小号搅拌器搅拌混合，直到面糊光滑。

2　用微波炉加热1分钟。如果蛋糕没完全成熟，则额外加热15秒。蛋糕冷却时，可以同时准备糖霜。蛋糕最好趁热食用或在烤熟后几小时内享用。

3　糖霜制作：在蛋糕冷却时，将制作糖霜的食材放在一个碗里，用手持电动搅拌器高速搅拌至起泡。吃蛋糕之前加上糖霜。这个糖霜的分量是2个蛋糕用的。

建议：

这个蛋糕可以直接用香槟杯制作！只要将糊倒入一个标准尺寸的香槟杯里（微波炉可用），并确保它只是填满了半个香槟杯的容量（略超过一半也是可行的）。如面糊太多，可将面糊分成2份并分开做，只要确保分的均匀。

含羞草蛋糕

就像流行的早午餐饮料的配方一样，这款蛋糕也用香槟、橙汁和橙味利口酒来调味，真正带出了橙味的精华。它将在舌尖留下淡淡的、活泼的感觉。如果添加一点香槟糖霜，蛋糕的味道更好！

4汤匙（30克）中筋面粉

1/4茶匙泡打粉

2茶匙（25克）砂糖

1汤匙（15毫升）脱脂牛奶

1/2汤匙（7.5毫升）植物油

2汤匙（30毫升）不甜的香槟

1/2汤匙（7.5毫升）橙皮甜酒

1汤匙（15毫升）橙汁

糖霜（2份的量）

1/2杯（120克）稠厚淡奶油

1汤匙（15毫升）干香槟

2茶匙砂糖

银色糖屑，可选

1 蛋糕制作：将所有食材放在一个超大的马克杯或香槟杯中（见下面的说明），用小号搅拌器搅拌混合，直至面糊光滑。

2 用微波炉加热1分钟。如果蛋糕没完全成熟，则额外加热15秒。蛋糕冷却的同时，您可以准备糖霜。蛋糕最好趁热食用或在烤熟后几小时内享用。

3 糖霜制作：将制作糖霜的食材放在一个碗里，用手持电动搅拌器高速搅拌至起泡。吃蛋糕之前加上糖霜。

蛋糕发烧友！

这个蛋糕可以直接在香槟杯中烤熟。只要将糊倒入一个标准尺寸的香槟杯里（微波炉可用），并确保它只是填满了半个香槟杯的容量（略超过一半也是可行的）。

甜啤酒蛋糕

当烈性黑啤酒越来越普遍地应用于甜点中的时候，这款蛋糕选择更纯的啤酒——淡啤酒来进行制作。在这个甜蜜的蛋糕里，能尝到挥之不去的酵母和啤酒花味。对于嗜甜的啤酒爱好者是个完美的选择！

4汤匙（30克）中筋面粉

1/4茶匙泡打粉

3茶匙砂糖

2汤匙（30毫升）脱脂牛奶

2汤匙（30毫升）淡啤酒

1 将所有食材放入一个超大的马克杯中，用小号搅拌器搅拌混合，直到面糊光滑。

2 用微波炉加热1分钟。如果蛋糕没完全成熟，则额外加热15秒。蛋糕冷却的同时，您可以准备糖霜。蛋糕最好趁热食用或在烤熟后几小时内享用。

曲奇
马克杯蛋糕

有段时间，我想吃曲奇和蛋糕，可根本不会做。所以在本书中单独划分了一个章节介绍曲奇马克杯蛋糕。成品是一个温热的自制曲奇，可以用勺子舀着吃。

这些蛋糕像饼干一样有着酥脆的口感，所以不会像蛋糕一样在烤制时膨起。可以用马克杯进行制作，完成的时候，他们依然会保持相当平坦的底部。而且，可以将曲奇面糊从马克杯中舀出，做成一块块饼干形状，放在烤盘纸上，它看起来就像是一块普通的曲奇饼干！

这些曲奇蛋糕尝起来味道较好，既温暖又香甜。所以让我们马上开始吧！

巧克力曲奇蛋糕

说到曲奇，我最喜欢的是巧克力风味的。有了这个配方，无论何时都可以拥有挚爱的创新味道。

1汤匙（14克）黄油

4汤匙（30克）中筋面粉

1汤匙（12.5克）砂糖

1汤匙（12.5克）红糖

1汤匙（15克）蛋液（小于1个鸡蛋的分量）

1/4茶匙香草精

1汤匙（11克）半甜的巧克力碎屑

1 把黄油（冷黄油）放在一个超大的马克杯中，微波炉加热约40秒至黄油融化。

2 加入除巧克力碎屑之外的原料，用小号搅拌器搅拌，直到面团混合均匀，再拌入巧克力碎屑。

3 将面团均匀地铺在杯子的底部。如果想做一个传统的饼干，从马克杯中舀出面糊，做成曲奇的形状，排放在微波炉专用盘子中的烤盘纸上。

4 用微波炉加热约50秒，取出饼干，冷却几分钟就变硬了，立即食用味道最佳。

曲奇&奶油曲奇蛋糕

名字中“曲奇”一词出现两次，意味着它特别好吃，不是吗？这是一个耐嚼的曲奇饼干，用少量的奶油和满满的巧克力奥利奥饼干碎屑制作而成。

1汤匙黄油（14克）

4汤匙（30克）中筋面粉

2汤匙（25克）砂糖

1汤匙（15克）蛋液（小于1个鸡蛋的分量）

1片奥利奥饼干

1 把黄油（冷黄油）放在一个超大的马克杯中，微波炉加热约40秒至黄油融化。

2 加入中筋面粉、砂糖、蛋液，用小号搅拌器搅拌混合，直到面团均匀混合一起。

3 添加奥利奥：用餐叉压碎奥利奥饼干，均匀地拌入面团中。

4 将面团均匀地铺在杯子的底部。如果想做一个传统的饼干，从马克杯中舀出面糊，做成曲奇的形状，排放在微波炉专用盘子中的烤盘纸上。

5 用微波炉加热约50秒，取出饼干，冷却几分钟就变硬了，立即食用味道最佳。

双巧克力曲奇蛋糕

如果您是一个巧克力迷，肯定会爱上这个饼干，因为它使用了双份的巧克力来制作，有一个巧克力味的蛋糕底胚，周围沾满了巧克力碎屑，就像制作一杯特殊的巧克力宾治一样。

1汤匙黄油（14克）

3汤匙（22.5克）中筋面粉

2汤匙（25克）红糖

1汤匙（15克）蛋液（小于1个鸡蛋的分量）

1汤匙（7.5克）不加糖的可可粉（荷兰产）

1汤匙（11克）半甜的巧克力碎屑

1 把黄油（冷黄油）放在一个超大的马克杯中，微波炉加热约40秒至完全融化。

2 将除了巧克力碎屑之外的食材加入，用小号搅拌器搅拌，直到面团混合均匀，再拌入巧克力碎屑。

3 将面团均匀地铺在杯子的底部。如果想做一个传统的饼干，从马克杯中舀出面糊，做成曲奇的形状，排放在微波炉专用盘子中的烤盘纸上。

4 用微波炉加热约50秒，取出饼干，冷却几分钟就变硬了，立即食用味道最佳。

燕麦葡萄干曲奇蛋糕

这种柔软耐嚼的曲奇除了含有一根健康的燕麦卷之外，它还撒满了葡萄干、肉桂，就像经典的老式燕麦曲奇。

1汤匙黄油（14克）
1汤匙（7.5克）中筋面粉
2汤匙（25克）红糖
1汤匙（15克）蛋液（小于1个鸡蛋的分量）
3汤匙（15克）老式的燕麦
1/16茶匙肉桂粉
1汤匙（10克）葡萄干

1 把黄油（冷黄油）放在一个超大的马克杯中，微波炉加热约40秒至完全融化。
2 将除了葡萄干之外的食材加入，用小号搅拌器搅拌，直到面团混合均匀，再拌入葡萄干。
3 将面团均匀地铺在杯子的底部。如果想做一个传统的饼干，从马克杯中舀出面糊，做成曲奇的形状，排放在微波炉专用盘子中的烤盘纸上。
4 用微波炉加热约50秒，取出饼干，冷却几分钟就变硬了，立即食用味道最佳。

花生酱曲奇蛋糕

这厚厚的曲奇被花生酱所包裹，最好的品尝方法是配上一大杯牛奶享用。

1汤匙（14克）黄油

4汤匙（30克）中筋面粉

2汤匙（25克）红糖

1汤匙（15克）蛋液（小于1个鸡蛋的分量）

1汤匙花生酱（16克）

1 把黄油（冷黄油）放在一个超大的马克杯中，微波炉加热约40秒至完全融化。

2 将其余的食材加入，用小号搅拌器搅拌，直到面团混合均匀。

3 将面团均匀地铺在杯子的底部。如果想做一个传统的饼干，从马克杯中舀出面糊，做成曲奇的形状，排放在微波炉专用盘子中的烤盘纸上。

4 用微波炉加热约50秒，取出饼干，冷却几分钟就变硬了，立即食用味道最佳。

布丁曲奇蛋糕

这道配方中添加了一汤匙布丁粉到软面团中，目的是得到一种特别松软和湿润的巧克力碎屑，它几乎入口即化。

注：只需加入布丁粉，不能使其先形成布丁。

1汤匙黄油（14克）

3汤匙（22.5克）蛋糕粉

1/2汤匙砂糖（6克）

1汤匙（12.5克）红糖

1汤匙（15克）蛋液（小于1个鸡蛋的分量）

1汤匙（14克）速溶香草布丁粉（或任何您喜欢的味道）

1汤匙（11克）半甜的巧克力碎屑

1 把黄油（冷黄油）放在一个超大的马克杯中，微波炉加热约40秒至完全融化。

2 将除了巧克力碎屑之外的食材加入，用小号搅拌器搅拌，直到面团混合均匀，再拌入巧克力碎屑。

3 将面团均匀地铺在杯子的底部。如果想做一个传统的饼干，从马克杯中舀出面糊，做成曲奇的形状，排放在微波炉专用盘子中的烤盘纸上。

4 用微波炉加热约50秒，取出饼干，冷却几分钟就变硬了，立即食用味道最佳。

糖曲奇蛋糕

糖曲奇往往被忽视，尤其是他们的外表。但是，俗话说，外表可以欺骗您的眼睛。这款糖曲奇蛋糕如此美味，拥有着松软、耐嚼的口感和奶油般的口味，好吃到会上瘾。

1汤匙黄油（14克）

3汤匙（22.5克）中筋面粉

2汤匙砂糖（25克）

1汤匙（15克）蛋液（小于1个鸡蛋的分量）

奶油奶酪糖霜（可选，2份的量）

2汤匙（28克）奶油奶酪

2汤匙（28克）黄油

5汤匙（40克）糖粉，调味，如果需要的话，留点供淋撒装饰

1 把黄油（冷黄油）放在一个超大的马克杯中，微波炉加热约40秒至完全融化。

2 将剩余的食材加入，用小号搅拌器搅拌直到面团混合均匀。

3 将面团均匀地铺在杯子的底部。如果想做一个传统的饼干，从马克杯中舀出面糊，做成曲奇的形状，排放在微波炉专用盘子中的烤盘纸上。

4 用微波炉加热约50秒，取出饼干，冷却几分钟就变硬了，立即食用味道最佳。

5 如果需要的话，将奶油奶酪、黄油、4汤匙糖粉，放在搅拌机（或使用手持电动搅拌器）中，高速搅打至起泡。在蛋糕顶上挤上糖霜装饰，或者用蛋糕刀根据您的需要进行分切成块，再抹上糖霜，撒上糖粉装饰即可。蛋糕最好立即食用。

我非常喜欢巧克力蛋糕，没有什么能像美味的布朗尼一样来完全填补我空虚的胃。我坚信布朗尼应该像巧克力一样，浓稠、绵软和耐嚼。我不但喜欢吃，还会做巧克力蛋糕！

用微波炉加热制作出满意的口感有点复杂，但我创新出使布朗尼的忠实爱好者也赞不绝口的衍变品种。在烘烤过程中，不会有容易破裂不光亮的表面，而且能够尝出布朗尼本应有的风味。

不像其他通俗易懂又好做的配方，最美味的布朗尼要花30分钟才能做出。如果您做过传统的布朗尼，就知道它们需要完全冷却，以使其形成筋道、浓稠和绵软的口感。同样的原理适合这个蛋糕。当令人垂涎的布朗尼完成后，我很难控制自己，您制作布朗尼付出的耐心会得到回报的。

牛奶太妃糖布朗尼

口味丰富、咸甜参半的太妃糖源于甜牛奶的焦糖化，只要咬上一口，就会让人觉得仿佛置身于甜蜜的世界。

1汤匙（14克）黄油

2汤匙（22.5克）半甜巧克力碎屑

1汤匙（7.5克）中筋面粉

2汤匙（30克）蛋液（大约1个特大鸡蛋一半的分量）

1汤匙（15毫升）加1汤匙（15毫升）牛奶焦糖酱（商店买，见下面的说明）

1 在一个超大的马克杯中放入黄油和巧克力碎屑，微波炉加热约40秒，并用小号搅拌器搅拌，直到巧克力完全融化。

2 将除了1汤匙牛奶焦糖酱之外的剩余食材加入，搅拌直至面糊光滑。然后将剩余的牛奶焦糖酱加入，用餐叉旋转呈漩涡状。

3 在微波炉中加热约1分钟。让布朗尼冷却约30分钟，让它形成柔软而黏稠的风味。然后立即食用。

在哪能找到它？

牛奶焦糖酱被包装在像炼乳的罐头中。最常见的品牌是雀巢，超市或烘焙店可以买到。

曲奇和奶油布朗尼蛋糕

这款布朗尼奶油蛋糕点缀着奥利奥碎。脆脆的巧克力饼干碎给蛋糕增加了另一层口感，筋道而略带黏性，有明显巧克力的风味。

1汤匙（14克）黄油

2汤匙（15克）中筋面粉

2汤匙（25克）红糖

2汤匙（10克）蛋液

1片奥利奥曲奇

1 把黄油（冷黄油）放在一个超大的马克杯中。微波炉加热约40秒至完全融化。

2 将除了奥利奥曲奇之外的其他食材加入，用小号搅拌器混合，直至面糊光滑。

3 添加奥利奥曲奇：用餐叉将奥利奥曲奇压成光滑碎屑，撒在面糊的表面。

4 在微波炉中加热约40秒。让布朗尼冷却约30分钟，使其形成柔软而黏稠的风味。然后立即食用。

熔岩巧克力蛋糕

有什么比一个醇厚、绵软、巧克力的布朗尼更好呢？在布朗尼中心填充能多益牌巧克力，味道又将如何？填充丝滑般榛仁巧克力的布朗尼更能让人体验幸福感。

1汤匙（14克）黄油

2汤匙（22.5克）半甜的巧克力碎屑

1汤匙（7.5克）中筋面粉

2汤匙（25克）砂糖

2汤匙（30克）蛋液（大约1个特大鸡蛋一半的分量）

1汤匙（18.5克）能多益牌榛仁巧克力

蛋糕顶部装饰（可选，2份的量）

1/2杯（120毫升）稠厚淡奶油

2茶匙砂糖

1茶匙可可粉

少量巧克力碎屑

1 将黄油和巧克力碎屑放在一个超大的马克杯中，微波炉加热约40秒，用小号搅拌器搅拌，直到巧克力完全融化。

2 将除榛仁巧克力之外的其他食材加入，搅拌至面糊光滑。

3 在面糊的中心放入榛仁巧克力，并向下推直到它看不见。

4 在微波炉中加热约40秒。让布朗尼冷却约30分钟，使其形成柔软而黏稠的风味。然后立即食用。

5 如果需要的话，将稠厚淡奶油和糖放入搅拌器（或使用手持电动搅拌器）中，高速搅拌至起泡打发。蛋糕上挤上打发的淡奶油，撒上一点可可粉，用巧克力屑点缀装饰即可。

布朗尼蛋糕

这是一个经典的用红糖和面粉做成的布朗尼蛋糕。致密、柔软、黏稠，单独享用或是放入任何您喜欢的食材，如糖果或巧克力、椰子片、切碎的坚果或樱桃干就更完美了。

1汤匙（14克）黄油
1汤匙（15克）中筋面粉
1汤匙（25克）红糖
2汤匙（10克）蛋液（小于1个鸡蛋的分量）

1 将黄油（冷黄油）放在一个超大的马克杯中，微波炉加热约40秒至完全融化。
2 加入其余食材，用小号搅拌器搅拌，直至面糊光滑。
3 在微波炉中加热约40秒。让布朗尼冷却约30分钟，使其形成柔软而黏稠的风味。然后立即食用。

能多益巧克力布朗尼蛋糕

您喜欢在面包店购买绵软、黏稠的巧克力布朗尼吗？现在，我已经设法重新改善这个配方的口感了：它比面包店买的制作更容易！具有超级黏稠、绵软、巧克力味和蜜甜的风味，这个布朗尼会更尽善尽美。

2汤匙（15克）中筋面粉

2汤匙（30克）蛋液（大约1个特大鸡蛋一半的分量）

1/4杯（74克）巧克力另加1汤匙（18.5克）

1　将所有食材放在一个超大的马克杯中，用小号搅拌器混合，直至完全混合均匀，面糊会很厚。

2　在微波炉中加热约40秒。让布朗尼冷却约30分钟，使其形成柔软而黏稠的风味。然后立即食用。

经典巧克力布朗尼蛋糕

这是一款典型的布朗尼：绵软、致密、巧克力味。如果您喜欢坚果布朗尼，把它们或其他任何喜欢的东西加入到布朗尼中。直接吃掉，这是我享用布朗尼的最佳方式。

1汤匙（14克）黄油

2汤匙（22.5克）半甜的巧克力碎屑

1汤匙（7.5克）中筋面粉

2汤匙（25克）砂糖

2汤匙（30克）蛋液（大约1个特大鸡蛋一半的分量）

1　将黄油和巧克力碎屑放在一个超大的马克杯中，微波炉加热约40秒，用小号搅拌器搅拌，直到巧克力完全融化。

2　将剩余食材加入，搅拌至面糊光滑。

3　在微波炉中加热约40秒。让布朗尼冷却约30分钟，使其形成柔软而黏稠的风味。然后立即食用。

衍生的马克杯蛋糕

在本书中，我多次表达出对巧克力的痴迷，同时分享了几个甜美的巧克力为主的蛋糕配方。但仍然有不少其他同样美味的衍生做法的马克杯蛋糕值得关注，包括花生酱、奶油奶酪和太妃糖等口味的。它们都格外美味，而且具有另外一种奢华的展示。

花生酱蛋糕

这是给一个梦想蛋糕花生迷的最好的礼物：有奶油的味道，湿润，并含有丰富的花生酱的香气。

4汤匙（30克）中筋面粉

1/4茶匙泡打粉

4茶匙砂糖

4汤匙（60毫升）脱脂牛奶

3汤匙（48克）花生酱

蛋糕顶部装饰（可选）

1勺花生味冰淇淋

微型牛奶巧克力片

1 将所有食材放入一个超大的马克杯中，用小号搅拌器搅拌，直到面糊光滑。

2 在微波炉中加热1分钟左右，如果蛋糕没完全成熟，则额外加热15秒。取出蛋糕，冷却几分钟。蛋糕最好趁热食用，或在烤熟后的几小时内享用。

3 如果需要，在蛋糕表面加入一勺冰淇淋和微型巧克力片装饰即可。

巧克力花生酱蛋糕

巧克力和花生酱在口味上是绝配，当您把两种食材放在一起制作马克杯蛋糕时，可以品尝到两种口味。通常可在超市里买到巧克力花生酱。

4汤匙（30克）中筋面粉

1/4茶匙泡打粉

4茶匙砂糖

4汤匙（60毫升）脱脂牛奶

3汤匙（51克）巧克力花生酱

1 将所有食材放入一个超大的马克杯中，用小号搅拌器搅拌，直到面糊光滑。

2 在微波炉中加热1分钟左右，如果蛋糕没完全成熟，则额外加热15秒。取出蛋糕，冷却几分钟。蛋糕最好趁热食用，或在烤熟后的几小时内享用。

南瓜酱蛋糕

过去，在秋天，我很期盼南瓜酱。它如此受欢迎，以致于现在一年中的每个季节都能看到它。这种富含甜蜜香味的抹酱给本来就很湿润、适口的蛋糕增加了一些额外的特别风味。

4汤匙（30克）中筋面粉
1/4茶匙泡打粉
1茶匙砂糖
2.5汤匙（37.5毫升）脱脂牛奶
1/2汤匙（7.5毫升）植物油
1汤匙（18克）加1汤匙（18克）南瓜酱

1 将除了南瓜酱之外的所有食材放入一个超大的马克杯中，用小号搅拌器搅拌，直到面糊光滑。

2 用餐叉在面糊的表面旋转抹上南瓜酱。抹的时候不要太彻底，以保持南瓜酱形成的漩涡纹路。

3 在微波炉中加热1分钟左右，如果蛋糕没完全成熟，则额外加热15秒。取出蛋糕，冷却几分钟。蛋糕最好趁热食用，或在烤熟后的几小时内享用。

奶酪蛋糕

这款奶酪蛋糕充满完全成熟的奶油风味。但是用微波炉做奶酪蛋糕有点麻烦，关键是要获得期盼的口感，需要让蛋糕在冰箱里冷藏好几个小时，就像制作传统的奶酪蛋糕一样。如果您不想等那么久，也可以直接食用——尝起来仍然像乳酪蛋糕，但口感不是太紧密和凝固。

外壳（涂抹马克杯内壁）

4汤匙（24克）磨细的全麦饼干屑（约1片全麦饼干的分量）

1汤匙（14克）融化的黄油

奶酪蛋糕

4汤匙（56克）淡奶油奶酪（或奶油奶酪抹酱）

2汤匙（30克）普通脱脂希腊酸奶

2.5汤匙（31克）砂糖

1个大鸡蛋，打发均匀

1/4茶匙香草精

1/2茶匙磨碎的青柠皮

1 制作外壳：将马克杯内壁涂满黄油，然后将全麦饼干屑和融化的黄油在杯子中搅拌混合，直至全部黄油裹附在饼干屑上，最后将裹上黄油的饼干屑用力按压，在杯子的底部形成一个硬壳。

2 制作蛋糕：将除了青柠檬屑之外的制作奶酪蛋糕的所有食材放在一个小碗里，用小号搅拌器搅拌，直到面糊光滑。如果奶油奶酪搅拌不匀，有可能会在面糊中形成团块。在这种情况下，使用更大的搅拌器，将有助于搅散团块。然后，将面糊倒入马克杯中。

3 用锡纸盖住马克杯的顶部，微波炉加热1分钟。这时蛋糕大部分应该熟了，除了中心部分。停下来检查一下并确保它不会过热。然后，再加热1分钟，蛋糕这时应完全熟了，可以从杯子中取出。最好不要一次性加热2分钟，因为面糊可能会过热冒出，同时会在微波炉中爆炸。

4 轻轻地将奶酪蛋糕从马克杯中倒出来（我一般直接扣过来倒在大的抹刀上，然后翻转抹刀将奶酪蛋糕放在盘子中。）

5 取出蛋糕，冷却几分钟。当蛋糕不再烫手时，放在冰箱中冷却至少1小时。食用时用青柠檬屑装饰。

牛奶焦糖蛋糕

这是我最喜欢的马克杯蛋糕的配方之一。牛奶焦糖酱的味道很神奇，蛋糕遍布甜蜜的漩涡，每咬一口绝对都是享受。

4汤匙（30克）中筋面粉

1/4茶匙泡打粉

2茶匙砂糖

3汤匙（45毫升）脱脂牛奶

1/2汤匙（7.5毫升）植物油

1汤匙（15毫升）牛奶焦糖酱（商店购买）

蛋糕顶部装饰（可选，2份的量）

1/2杯（120毫升）稠厚淡奶油

2小匙砂糖

1汤匙（15毫升）牛奶焦糖酱

坚果碎屑

1 将除了牛奶焦糖酱之外的所有食材都放在一个超大的的马克杯中，用小号搅拌器搅拌，直到面糊光滑。

2 将牛奶焦糖酱倒入面糊的表层，用餐叉旋转形成漩涡。为了保持焦糖酱漩涡，请勿混合得太彻底。

3 在微波炉中加热1分钟左右，如果蛋糕没完全成熟，则额外加热15秒。取出蛋糕，冷却几分钟。

4 如果需要，将稠奶油和糖放入搅拌机（或使用手持电动搅拌器）中，混合高速搅打，直到形成蓬松的打发奶油。蛋糕顶上挤上奶油，淋上牛奶焦糖酱，撒上切碎的坚果。蛋糕最好趁热食用，或在烤熟后的几小时内享用。

杏仁奶油蛋糕

杏仁是一种健康的食材，所以这款蛋糕也是很健康的，对不对？也许不是，但它肯定是带有坚果风味的奢华甜点。蛋糕用了3种杏仁类食材制作：杏仁露、杏仁酱和生杏仁。

4汤匙（30克）中筋面粉

1/4茶匙泡打粉

2汤匙（25克）砂糖

2汤匙（32克）杏仁抹酱

4汤匙（60毫升）杏仁奶

4~5颗生杏仁

1 将除杏仁之外的食材放入一个超大的的马克杯中，用小号搅拌器搅拌，直到面糊光滑。然后在上面撒上杏仁。

2 在微波炉中加热1分钟左右。如果蛋糕没完全成熟，则额外加热15秒。取出蛋糕，冷却几分钟。蛋糕最好趁热食用，或烤熟后几小时内享用。

假日
马克杯蛋糕

如果要问节日里最值得期待的部分是什么？我的回答当然是美食。我喜欢各种各样的围绕节日庆祝的美食——从情人节的巧克力到圣诞节的蛋黄酒。本章节的特色在于：以诱人的甜点为主题，可以让您在特别的场合或任何时候，很容易快速做出一份蛋糕。如果您渴望冬季的美食，不妨试试巧克力薄荷或姜饼蛋糕。或者尝试做一份健力士黑啤巧克力加上爱尔兰奶油漩涡蛋糕。在这些欢庆的日子中，正是这些蛋糕为其提供了一类有趣、创造性的替代传统的甜点，而且它们本身何其美味！

健力士巧克力爱尔兰奶油蛋糕

在圣帕特里克节中突然出现的两个受欢迎的酒精饮料，一个是吉尼斯啤酒，另一个就是百利的爱尔兰奶油甜酒了。这款蛋糕将它们融合，从而构成极其美味的品种。

3汤匙（22.5克中筋面粉

1/4茶匙泡打粉

2汤匙砂糖（25克）

2汤匙（30毫升）脱脂牛奶

1/2汤匙（7.5毫升）植物油

1汤匙（7.5克）不加糖的可可粉（荷兰产）

2汤匙（15毫升）烈性啤酒（最好是吉尼斯）

1茶匙糖粉，用于装饰

1 将除了糖粉之外的所有食材放在一个超大的马克杯中，用小号搅拌器混合搅拌，直到面糊光滑。

2 在微波炉中加热约1分钟。如果蛋糕没完全成熟，则额外加热15秒。取出蛋糕，冷却几分钟，然后将糖粉筛到蛋糕顶部装饰。蛋糕最好趁热食用或在烤熟后几小时内享用。

巧克力薄荷蛋糕

我的巧克力马克杯蛋糕因为额外添加了碎薄荷糖果，而更适合于夏季食用。每一口都饱含清凉薄荷味，入口即化。而且用棒槌锤碎薄荷糖果，也可以说是一个有益健康的活动——减轻所有节日压力的绝佳时机！

1/4杯（45克）半甜的巧克力碎屑

3汤匙（45毫升）脱脂牛奶

3汤匙（22.5克）中筋面粉

1/4茶匙泡打粉

1/2汤匙（7.5毫升）植物油

2颗薄荷糖果，细细压碎

蛋糕顶部装饰（可选，2份的量）

1/2杯（120毫升）稠厚淡奶油

2茶匙砂糖

1 将巧克力和牛奶放入一个超大的马克杯中，微波炉加热约40秒；然后，用小号搅拌器混合搅拌直到巧克力完全融化。

2 添加面粉、泡打粉和油搅拌，直到面糊光滑。再加入碎薄荷糖拌匀。

3 在微波炉中加热约1分钟。如果蛋糕未完全成熟，再额外加热15秒。取出蛋糕，冷却几分钟。蛋糕最好趁热食用或在烤熟后几小时内享用。

4 如果需要，将稠厚淡奶油和糖放入搅拌机（或使用手持电动搅拌器）中，高速搅拌，直到起泡打发。最后，将打发奶油涂抹在蛋糕上装饰即可。

复活节惊喜蛋糕

这款简单的、点缀着淡彩糖碎屑的蛋糕，赋予了复活节以漂亮的外观。没有一个彩蛋，复活节还算是一个完整的节日嘛？这种蛋糕的巧妙之处也在于有融化的迷你吉百利蛋隐藏在蛋糕中心！

4汤匙（30克）中筋面粉

1/4茶匙泡打粉

2茶匙砂糖

3汤匙（45毫升）脱脂牛奶

1/2汤匙（7.5毫升）植物油

1/4茶匙香草精

1/2汤匙（6克）淡色糖屑

1个小吉百利奶油蛋

蛋糕顶部装饰（可选，2份的量）

1/2杯淡奶油（120毫升）

2茶匙砂糖

绿色糖屑

迷你糖衣的巧克力蛋

1 将淡色糖屑和吉百利蛋之外的所有食材放在一个超大的马克杯中，用小号搅拌器混合搅拌，直到面糊光滑。

2 加入淡色糖屑拌匀，再将吉百利奶油蛋放在面糊的中心，并注意轻推至面糊中间几乎将蛋覆盖住。

3 微波炉加热约1分钟。如果蛋糕没完全成熟，则额外加热15秒，取出蛋糕，冷却几分钟。蛋糕最好趁热食用，或在烤熟后几小时内享用。

4 如果需要，将淡奶油和糖放入搅拌机（或使用手持电动搅拌器）中，高速搅拌，直到起泡打发。蛋糕顶部用打发奶油裱花，撒上绿色糖屑，同时用巧克力蛋装饰即可。

姜饼蛋糕

这种老式的蛋糕加入了糖蜜、肉桂和生姜粉等香料，味道一定会唤起一些冬天的美妙回忆。

4汤匙（30克）中筋面粉
1/4茶匙泡打粉
1汤匙（12.5克）红糖
3汤匙（45毫升）脱脂牛奶
1/2汤匙（7.5毫升）植物油
1/4茶匙生姜粉
1/8茶匙肉桂粉
1/2汤匙（11克）黑糖蜜（超市可买到）

1 将所有食材加入到一个超大的马克杯中，用小号搅拌器混合搅拌，直到面糊光滑。

2 微波炉加热大约1分钟。如果蛋糕没完全成熟，则额外加热15秒。取出蛋糕，冷却几分钟。蛋糕最好趁热食用，或在烤熟后几小时内享用。

万圣节糖果蛋糕

如果您正在寻找用完剩余的万圣节糖果的方法，不妨看看这个配方：巧克力蛋糕基础是由纯巧克力构成的，可以选择像好时的牛奶巧克力或黑巧克力。然后点缀可供选择的糖果，如士力架、瑞茜巧克力和M&M's巧克力。

1/4杯（42克）切碎的纯巧克力棒（如好时牛奶巧克力或黑巧克力）

3汤匙（45毫升）脱脂牛奶

2汤匙（15克）中筋面粉

1/4茶匙泡打粉

1/2汤匙（7.5毫升）植物油

2汤匙您选择的、切碎的巧克力糖果（像士力架、瑞茜巧克力、M&M巧克力）

1　把切碎的纯巧克力和牛奶放入一个超大的马克杯中，微波炉加热约40秒。用小号搅拌器混合搅拌，直到巧克力完全融化。

2　添加面粉、泡打粉和植物油继续搅拌混合，直到面糊光滑，再加入切碎的糖果。

3　在微波炉中加热约1分钟。如果蛋糕没完全成熟，则额外加热15秒。取出蛋糕，冷却几分钟。蛋糕最好趁热食用，或在烤熟后几小时内享用。

南瓜香味蛋糕

在10月和11月，我痴迷于与南瓜有关的一切事物！南瓜香味蛋糕是我最喜欢的秋季节日的品种之一。

4汤匙（30克）中筋面粉

1/4茶匙泡打粉

2汤匙（25克）砂糖

2汤匙（30毫升）脱脂牛奶

1/2汤匙（7.5毫升）植物油

2汤匙（30克）南瓜泥

1/8茶匙肉桂粉

1/8茶豆蔻粉匙

1/16茶匙生姜粉

1/16茶匙丁香粉

1 将所有食材放入一个超大的马克杯中，用小号搅拌器混合搅拌，直到面糊光滑。

2 在微波炉中加热约1分钟。如果蛋糕没完全成熟，则额外加热15秒。取出蛋糕，冷却几分钟。蛋糕最好趁热食用，或在烤熟后几小时内享用。

红色天鹅绒蛋糕

诱人的红色蛋糕适合情人节、圣诞节或其他任何红色为主题的假期。红色天鹅绒蛋糕配方包含所有传统食材，包括酪乳、泡打粉、醋和可可粉。每一种食材都发挥着独特不可或缺的作用。红色天鹅绒蛋糕有着特殊的风情：蓬松的质感及喜庆的红色。在制作过程中，我试图尽量少使用食用色素。

注意：不要遗漏任何食材。人们常常试图忽略醋，因为他们不喜欢它的味道。添加醋不是为了增加味道，而是与小苏打一起使蛋糕变得松软，还能与可可粉一起赋予蛋糕以漂亮的红色。

4汤匙（30克）中筋面粉

1/8茶匙小苏打

2汤匙（25克）砂糖

2汤匙（30毫升）酪乳

1/2汤匙（7.5毫升）植物油

1/2汤匙（4克）不加糖的可可粉（荷兰生产）

1/8茶匙蒸馏醋

1/4茶匙红色食用色素，根据需要再加上更多的量以达到需要的红色

奶油奶酪糖霜（可选，2份的量）

2汤匙（28克）奶油奶酪

2汤匙（28克）黄油

5汤匙（40克）糖粉调味

可可粉

1 将所有食材放入一个超大的马克杯中，用小号搅拌器混合搅拌，直到面糊光滑。

2 在微波炉中加热约1分钟。如果蛋糕没完全成熟，则额外加热15秒。取出蛋糕，冷却几分钟，冷却的同时制作糖霜。蛋糕最好趁热食用，或在烤熟后几小时内享用。

3 制作糖霜：蛋糕冷却的同时，将奶油奶酪、黄油、糖粉放入搅拌机中，高速搅拌直到奶油奶酪蓬松起球。蛋糕表面挤上奶油奶酪糖霜，然后筛上可可粉在蛋糕的顶部装饰即可。

蛋黄酒蛋糕

这款简单而美味的蛋黄酒马克杯蛋糕，非常适合与爱人在圣诞节一起分享，它是一款不含酒精的蛋糕，所以孩子们也可以享受此类蛋糕。

注意： 必须使用蛋糕粉来做出应有的口感。否则，它吃起来会很粗糙，不像蛋糕的味道。

2汤匙（12.5克）蛋糕粉（注意：不是中筋面粉）

1/8茶匙泡打粉

3茶匙砂糖

3汤匙（45毫升）浅色蛋黄酒（商店购买的）

1. 将所有食材放入一个超大的马克杯中，用小号搅拌器混合搅拌，直到面糊光滑。
2. 在微波炉中加热约1分钟。如果蛋糕没完全成熟，则额外加热15秒。取出蛋糕，冷却几分钟。蛋糕最好趁热食用，或在烤熟后几小时内享用。

无麸质
马克杯蛋糕

无麸质食品起初是为了麸质过敏者而生，他们不吃面粉等麦类制品，而是以土豆、玉米、大米等代替。发展至今日，虽有争议，但很多人都认为此类食品能够瘦身。

在我的美食博客“卡比的渴望”里，收到很多关于无麸质蛋糕配方的请求，所以在本书里，必须包括无麸质蛋糕这一章。从杏仁巧克力蛋糕，到无面粉花生酱蛋糕，再到巧克力糯米团蛋糕，您会全部都想试一试！

这一章配方中所列的全部食材及泡打粉，都要确保成分说明里明确不含麸质。

无面粉花生酱蛋糕

在这本书稿中，您会发现与其他无面粉蛋糕配方不一样，这个蛋糕质地一点也不致密，看起来很蓬松，几乎像普通的花生酱蛋糕。

2汤匙（32克）花生酱（商店购买的）

1/8茶匙泡打粉

1茶匙（12.5克）砂糖

1个大鸡蛋

蛋糕顶部装饰（可选）

香草冰淇淋

焦糖酱

巧克力碎屑

1　将所有食材放入一个超大的马克杯中，用小号搅拌器混合，直到面糊光滑，鸡蛋完全混合进去。

2　在微波炉中加热约1分钟。如果蛋糕没完全成熟，则额外加热15秒。让蛋糕冷却30分钟，使味道完全散发出来。

3　蛋糕的上面放一勺香草冰淇淋，淋上焦糖酱，撒上巧克力碎屑装饰。蛋糕最好在烤熟后的几小时内食用。

巧克力糯米团蛋糕

糯米团是我最喜欢的食物之一。它有着筋道的质地，也许您吃过一种叫“糯米糍”的雪糕，里面是冰淇淋，外面是糯米面做的点心。它独一无二的口感来自糯米粉。这种黏米粉不含麸质，因为是糯米做的。这款蛋糕是一个美妙的文化融合食品，既有巧克力味，又黏稠湿润，让人想起布朗尼的风味。

2汤匙无麸质糯米粉

1/8茶匙泡打粉

1汤匙（12.5克）砂糖

2汤匙（30毫升）脱脂牛奶

1/2汤匙（7.5毫升）植物油

1/2汤匙（4克）不加糖的可可粉（荷兰生产）

1　将所有食材放入一个超大的马克杯中，用小号搅拌器混合，直到面糊光滑，鸡蛋完全混合进去。

2　在微波炉中加热约1分钟。如果蛋糕尚未完全成熟，则额外加热15秒。取出蛋糕，冷却几分钟。蛋糕最好趁热食用，或烤熟后几小时内享用。

杏仁—巧克力蛋糕

这款蛋糕是用杏仁粉制作的，由于没有面粉，会使得巧克力风味更加丰富和强烈。

3汤匙（21克）杏仁粉

1/4茶匙泡打粉

1汤匙（12.5克）砂糖

2汤匙（30毫升）脱脂牛奶

1汤匙（7.5克）不加糖的可可粉（荷兰生产）

蛋糕顶部装饰（可选，2份的量）

56克（2盎司）黑巧克力碎屑

1/4杯（60毫升）稠厚淡奶油

烤过的杏仁片

1. 制作蛋糕：将所有食材装在一个超大的马克杯中，用一只小号搅拌器搅拌混合，直到面糊光滑。
2. 在微波炉中加热约1分钟。如果蛋糕没完全成熟，则额外加热15秒。取出蛋糕，冷却几分钟。
3. 如果需要制作糖霜：把切碎的黑巧克力在小碗里。然后用小锅加热稠厚淡奶油，一旦煮沸，将稠厚淡奶油倒入切碎的巧克力碗中，一直搅拌直到巧克力完全融化和混合。让巧克力酱冷却并放置（您可以加速这个过程，把它放进冰箱里大约45分钟）。需要再次搅拌使其光滑有光泽。
4. 一旦巧克力酱冷却，将其淋在蛋糕表面，然后撒上片状的杏仁装饰。蛋糕最好趁热食用，或在烤熟后的几小时内享用。

无面粉巧克力蛋糕

我喜欢无面粉蛋糕，因为它们有如此浓浓的巧克力味。这个特殊的配方只需要3种食材就能制作。与书中大多数配方一样，这个蛋糕仅需要放置很短的几个小时就能吃了，所以要提前计划。如果您烤熟后立即吃，巧克力味会很淡，并且蛋糕中可能充满了鸡蛋的腥味。但是，让它放置几个小时，您会愉快地沉醉在吃蛋糕的乐趣中。

1/4杯半甜巧克力碎屑

1汤匙（15毫升）植物油

1个打发的蛋液

蛋糕顶部装饰（可选，2份的量）

1/2杯（120毫升）稠厚淡奶油

2茶匙砂糖

1茶匙可可粉

巧克力刨片

1 把巧克力碎屑和植物油放入一个超大的马克杯中，微波炉加热约40秒，用小号搅拌器混合搅拌，直到巧克力完全融化。

2 加入打发的鸡蛋液用力搅拌，直到面糊光滑，鸡蛋完全混合。由于面糊颜色太暗，很难看到鸡蛋液是否搅拌均匀。所以，抬起您的搅拌器几次，以确保面糊中看不到尚未打匀的蛋液。

3 在微波炉中加热约1分钟，如果蛋糕没完全成熟，则额外加热15秒。放置几个小时，巧克力风味会慢慢释放出来，盖过鸡蛋本身的腥味。

4 将淡奶油和糖放入搅拌机（或使用手持电动搅拌器）中，高速搅拌打发。蛋糕表面抹上奶油，然后筛上一点可可粉，撒上巧克力刨片装饰。

花生酱香蕉蛋糕

我知道，本书中已经有一个无面粉花生酱蛋糕配方介绍。那为什么还要放入另一个花生酱蛋糕呢？因为还添加了香蕉，从而产生了全新的口味，而且香蕉也给这款蛋糕带来致密的口感。为了得到一种特别的风味，在蛋糕上面淋淺一些盐味焦糖糖浆。

注意：确保您加入的2汤匙香蕉已经捣烂了。不要使用冰冻的香蕉，因为它们保留大量的水分，即使水分被挤干，蛋糕吃起来还是黏乎乎的。

2汤匙（32克）花生酱（商店购买的）

1/4茶匙泡打粉

1汤匙（12.5克）砂糖

2汤匙（30克）打发蛋液（大概为1个超大鸡蛋一半的分量）

2汤匙（30克）成熟的香蕉泥（大概为1根大香蕉一半的分量）

焦糖酱（可选，用作服务）

冰淇淋（可选，用作服务）

1 将所有食材装在一个超大的马克杯中，用小号搅拌器混合搅拌，直到面糊光滑。

2 在微波炉加热大约1分钟。如果蛋糕没完全成熟，则额外加热15秒。取出蛋糕，冷却几分钟。蛋糕最好趁热食用，或在烤熟后的几小时内享用。

3 如果需要，在蛋糕表面淋上焦糖酱，放上一勺冰淇淋装饰（或者更好的是，放两勺冰淇淋）。

开胃的
马克杯蛋糕

制作一款开胃马克杯蛋糕的想法怎么样？在这一章中分享了开胃马克杯蛋糕的创作成果——从披萨玛芬蛋糕，到中国馒头蛋糕，再到玉米粉蛋糕。有时候您不想吃甜的甜点，那可以尝试一下开胃的点心。

切达干酪—迷迭香蛋糕

迷迭香是松树般的芳香草本植物，几乎与任何奶酪都是完美的搭配，尤其是切达干酪。这是最好吃的温暖松软的蛋糕。

4汤匙（30克）中筋面粉

1/4茶匙泡打粉

4汤匙（60毫升）脱脂牛奶

1/2汤匙（7.5毫升）植物油

1/8茶匙盐

1/2茶匙切碎的新鲜迷迭香

2汤匙（14克）切碎的切达奶酪

1 将除了迷迭香和奶酪之外的所有食材放入一个超大的马克杯中，用小号搅拌器搅拌混合，直至面糊光滑；然后加入迷迭香和奶酪拌匀。

2 在微波炉中加热约1分钟。如果蛋糕没完全成熟，再额外加热15秒。取出蛋糕，冷却几分钟。蛋糕最好趁热食用。

玉米粉蛋糕

这款蛋糕有着难以置信的柔软滋润的口感——吃了以后，您可能永远都不想再吃传统的玉米面包了。它本身就是完美的，或者您可以按自己的想法定制，与蜂蜜结合是甜的，加上熏肉就是咸的，或添加香料和胡椒……可能性是无穷无尽的。

2汤匙（15克）普通面粉

1/16茶匙小苏打

1/2汤匙（6克）砂糖

2汤匙（30毫升）酪乳

1/2汤匙（7.5毫升）植物油

1汤匙（15克）蛋液（小于1个鸡蛋的分量）

2汤匙（18克）玉米粉

1. 将所有食材放入一个超大的马克杯中，用小号搅拌器搅拌，直至面糊光滑。
2. 在微波炉中加热约1分钟。如果蛋糕没完全成熟，再额外加热15秒。取出蛋糕，冷却几分钟。蛋糕最好趁热食用或在烤熟后几小时内享用。

披萨玛芬蛋糕

这些比萨玛芬蛋糕制作出来超级可爱。在我的博客"卡比的渴望"中，有一个面包比萨马克杯蛋糕配方，它非常受欢迎。我将那些马克杯蛋糕做成适合微波炉加热的单份蛋糕版本，并且这两种蛋糕在味道和质地方面很接近。

您可以放在一个马克杯里，或放在一个小模具上（至少有180毫升，使面糊不至于溢出），让上面的迷你意大利香肠和奶酪显得十分漂亮。

4汤匙（30克）中筋面粉

1/8茶匙泡打粉

4汤匙（60毫升）脱脂牛奶

1/2汤匙（7.5毫升）植物油

1/8茶匙盐

1茶匙意大利调味料

1汤匙（7克），再加1汤匙切碎的马苏里拉干酪

7片迷你意大利辣味香肠，另加7个放在最上面

杂菜酱（供服务用）

罗勒（荆芥）叶（可选）

1 将除了马苏里拉干酪和意大利香肠之外的所有的食材放入一个超大的马克杯中，用小号搅拌器搅拌混合，直至面糊光滑。

2 加入1汤匙马苏里拉干酪和7片小意大利辣味香肠拌匀。如果需要的话，将面糊倒入一个180毫升的小模具中，这样烤熟后更好看。

3 撒上剩余的1汤匙马苏里拉干酪和7片意大利辣味香肠，在微波炉加热1分钟左右。撒上少许意大利调料并配上罗勒叶。如果需要的话，趁热与杂菜酱一块吃。

疆
萬
疆
無

中国馒头蛋糕

中国馒头有几种不同的形式，有时里面加上红烧肉，有时作为普通的馒头搭配菜肴吃。

这款蛋糕配方的味道和普通馒头非常相似。它的口感非常紧实，略有甜味。把它放在开胃的马克杯蛋糕这一章节里，是因为它通常塞满了咸咸的肉。一般情况下，馒头需要几个小时的工作：必须使它们发酵、揉搓和蒸熟。但这种方法只需5分钟！

4汤匙（30克）中筋面粉
1/4茶匙泡打粉
3汤匙（45毫升）脱脂牛奶
1汤匙（20克）炼乳，额外加上需要淋洒装饰的炼乳

1 将所有的食材放入一个超大的马克杯中，用小号搅拌器搅拌混合，直至面糊光滑。

2 在微波炉中加热约1分钟。如果蛋糕没完全成熟，再额外加热15秒。取出蛋糕，冷却几分钟。

3 这个蛋糕是开胃的，如果您要甜味，淋上炼乳。蛋糕最好趁热食用或在烤熟后几小时内享用。

培根啤酒玛芬蛋糕

类似于啤酒面包，但有松软的质地，因为它没有经过好几个小时的烘烤，这种啤酒蛋糕带有挥之不去的啤酒和苦啤酒花的味道，与可口咸香的烟熏培根相平衡。

4汤匙（30克）中筋面粉
1/4茶匙泡打粉
1/4茶匙砂糖
3汤匙（45毫升）啤酒
1/2汤匙（7.5毫升）植物油
1汤匙（7克）切碎的切达奶酪
1/2汤匙（约1/2片）切碎的预煮培根

1 将除了干酪和培根之外的所有食材放在一个超大的马克杯中，用小号搅拌器搅拌混合，直至面糊光滑。加入干酪和培根拌匀。

2 在微波炉中加热约1分钟。如果蛋糕没完全成熟，再额外加热15秒。取出蛋糕，冷却几分钟。蛋糕最好趁热食用或在烤熟后几小时内享用。

后 记

写这本书是我一辈子的梦想，但没有许多人的帮助是不可能完成的。

致珍妮，谢谢您带给我这本书面世的机会。莎拉，我喜欢您，我第一次见到您是在圣迭戈的寿司晚宴上（是的，我记得是吃饭的场合），尽管我们只见过几次面，您就竭尽所能提供帮助，我感激不尽。琳赛，谢谢您敏锐的眼光、建议及充满神奇的语言。感谢我的父母和兄弟姐妹（杰西卡、凯文和克里夫），谢谢你们一直关注我的博客，支持它并广泛传播给朋友们。特别感谢我的姐姐帮忙校对文稿。感谢我的先生唐纳德，他是我最大的支持者，对我的信任超过了我自己，写下了这本书中每一个马克杯蛋糕的品尝感受。

最后，特别感谢所有的读者。感谢你们所有的邮件、意见、想法和分享，或许只是默默地支持。你们给了我继续写下去的动力，并不断创新和提高。是你们的支持让我走到这一步，没有你们，就不可能有这本书。

图书在版编目（CIP）数据

5分钟马克杯蛋糕 /（美）珍妮弗·李著；李祥睿，陈洪华，韩雨辰译. --北京：中国纺织出版社，2016.8
（尚锦烘焙系列）
ISBN 978-7-5180-2749-1

I. ①5… II. ①珍… ②李… ③陈… ④韩… III. ①蛋糕–烘焙 IV. ①TS213.2

中国版本图书馆CIP数据核字（2016）第144603号

原书名：5-minute mug cakes
原作者名：Jennifer LEE

著作权合同登记号：图字：01-2015-2542

责任编辑：范琳娜　　责任印制：王艳丽
封面设计：水长流文化　版式设计：品　方

中国纺织出版社出版发行
地址：北京市朝阳区百子湾东里A407号楼　邮政编码：100124
销售电话：010—67004422　传真：010—87155801
http: // www.c-textilep. com
E-mail: faxing@c-textilep. com
中国纺织出版社天猫旗舰店
官方微博 http: // weibo.com/2119887771
北京华联印刷有限公司印刷　各地新华书店经销
2016年8月第1版第1次印刷
开本：710×1000　1/12　印张：14
字数：75千字　定价：49.80元

凡购本书，如有缺页、倒页、脱页，由本社图书营销中心调换